良いコード/悪いコードで学ぶ設計入門 —
保守しやすい 成長し続けるコードの書き方

這樣寫

CODE

好不好?

辨識、分析、改善

寫出易讀易維護的程式碼

仙塲大也 著

辨識();
分析();
改善();
程式品質.全面提升();
}

軟體.設計入門(){
辨識();
分析();

資深軟體架構師的真實負面教材
帶你全面檢討寫code壞習慣

不再當碼農
邁向軟體工程師

軟體.設計入門(){
辨識();
分析();

感謝您購買旗標書，
記得到旗標網站
www.flag.com.tw

更多的加值內容等著您…

● FB 官方粉絲專頁：旗標知識講堂

● 旗標「線上購買」專區：您不用出門就可選購旗標書！

● 如您對本書內容有不明瞭或建議改進之處，請連上
旗標網站，點選首頁的 聯絡我們 專區。

若需線上即時詢問問題，可點選旗標官方粉絲專頁
留言詢問，小編客服隨時待命，盡速回覆。

若是寄信聯絡旗標客服 email，我們收到您的訊息後，
將由專業客服人員為您解答。

我們所提供的售後服務範圍僅限於書籍本身或內
容表達不清楚的地方，至於軟硬體的問題，請直接
連絡廠商。

學生團體　　訂購專線：(02)2396-3257 轉 362
　　　　　　傳真專線：(02)2321-2545

經銷商　　　服務專線：(02)2396-3257 轉 331
　　　　　　將派專人拜訪
　　　　　　傳真專線：(02)2321-2545

國家圖書館出版品預行編目資料

這樣寫 code 好不好？辨識、分析、改善，寫出易讀易維
護的程式碼 / 仙塲大也 著，TC 譯．

譯自：良いコード／悪いコードで学ぶ設計入門 ─保守し
やすい 成長し続けるコードの書き方

-- 臺北市：旗標科技股份有限公司，2024.10　面；　公分

ISBN 978-986-312-808-3　（平裝）

1. 電腦程式

312.49E9　　　　　　　　　　　　　　113020162

作　　者／仙塲大也

翻譯著作人／旗標科技股份有限公司

發行所／旗標科技股份有限公司

台北市杭州南路一段 15-1 號 19 樓

電　　話／ (02)2396-3257(代表號)

傳　　真／ (02)2321-2545

劃撥帳號／ 1332727-9

帳　　戶／旗標科技股份有限公司

監　　督／陳彥發

執行編輯／劉樂永

美術編輯／陳慧如

封面設計／陳憶萱

校　　對／劉樂永

新台幣售價：630 元

西元 2024 年 10 月 初版

行政院新聞局核准登記 - 局版台業字第 4512 號

ISBN　978-986-312-808-3

序言

你是否也在開發軟體時經歷過這些事呢？

● 改了某處的程式碼，另一邊就出了 bug。

● 改動程式碼後，不得不地毯式搜索被影響到的地方。

● 光是閱讀程式碼就天黑了。

● 以為只是很簡單的修改，但光 debug 就花了好幾天。

經歷上述的痛苦，卻完全不知道為什麼會變成這樣；又或者隱約感覺到是在程式碼的架構上出了問題，但也不知道要如何去改善。你是不是也有這些煩惱呢？

之所以會找不到問題，追根究柢就是不瞭解程式碼「該有的構造」。舉個和軟體無關的例子：眾所皆知正方形是「四邊等長，內角皆為直角的圖形」，而正是因為知道正方形的定義，當某一邊長度和其他邊不同，或是其中一角不是直角時，我們才會發覺「這個圖形不是正方形」。軟體設計也是同理，若是瞭解程式碼該有的構造，就可以清楚地辨識構造的問題了。

在西方文化中，有一種說法是「知道惡魔的真名，就能支配惡魔，使役惡魔」。很久之前疫病流行時，人們總是害怕地把疫病當作是「惡魔作祟」。但引發疫病的病原菌被發現之後，疫病的治療方式就有了重大的革新。只要知道惡魔的真名——也就是惡魔的真面目，就能夠正確地應對。

本書把那些會降低開發力、阻礙軟體成長等設計或實作上的問題也比喻成「惡魔」。只要能瞭解那些問題的真面目，就能夠正確做出處置。期待讀者在閱讀本書之後，可以察覺潛藏在軟體開發過程中的惡魔，並獲得消滅惡魔的能力。

筆者會仔細解說，設計不良的程式碼為什麼會召喚惡魔、造成開發力降低，以及應該如何改善設計。讀過這本書之後，就能兼備「看穿惡魔的眼力」還有「消滅惡魔的武器」。

　　裝備上這本書，讓我們開始打倒惡魔之旅，寫出好程式吧！

圖A 小心惡魔

本書的目標讀者

　　這本書適合任何使用物件導向程式設計的軟體開發者。

　　如果你具備物件導向的基礎知識，但是對物件導向的設計方式不太熟悉，想扎實地從基礎學起，那就非常歡迎你閱讀本書。

本書使用物件導向程式語言的理由

筆者是一個系統架構師，負責重新設計難以維護的系統、提升系統的擴張性等工作。在書中會有大量的不良程式碼作為反例登場，它們都是筆者實際經歷過的程式碼改編而成的。

筆者會運用物件導向設計來對抗遇到的問題，把那些不良程式碼加以改良。本書記載的就是筆者在工作現場實踐的物件導向設計方法。

所謂設計，就是要讓程式的結構可以有效率地解決問題。物件導向能區分、整理複雜的程式功能，而且還有各種技巧能讓程式碼有條有理地發展。本書會以實用的物件導向技巧，讓不好的程式碼蛻變成好的程式碼。

本書使用的程式語言

書中大部分的程式碼範例是用 Java 寫成的。因為 Java 的使用者非常多，希望這樣能盡可能讓多一點讀者感到熟悉。

不過這並不是針對 Java 使用者的書。筆者具有 C#、C++、Ruby、JavaScript 等物件導向程式語言的使用經驗，可以保證只要是物件導向的設計，無論用哪種程式語言，都可以廣泛地應用本書的內容。書中內容並沒有用到太多 Java 獨有的規則和框架，對於物件導向程式的開發者來說，應該都有辦法理解內容並套用在其他語言上。

除此之外，筆者在業務上也有 Web 應用程式、Windows 應用程式、嵌入式軟體的開發經驗，個人也曾開發過遊戲。讀者應用本書的方向並不僅限於 Web 應用程式，只要是物件導向程式，都能活用在這裡學到的設計手法。

目錄

第 **1** 章
瞭解不良構造帶來的危害

第 **2** 章
設計的第一步

第 **3** 章

類別設計 ─串接一切的設計基礎─

第**4**章

活用不可變性質 ─建立穩定的結果─

第**5**章

低內聚 ─七零八落的物件─

第 **6** 章

條件判斷 ─解開迷宮般的流程控制─

第 **7** 章

集合 ─化解巢狀結構的結構化技術─

第 8 章
密耦合 ─緊密糾纏、難分難解的結構─

第 9 章
危害設計健全性的各種惡魔

第 **10** 章

名稱設計 —讓人可以看透程式結構的名稱—

第 **11** 章

註解 ―讓程式更穩定、更易修改的文字―

第 **12** 章

函式 ―優秀的類別必有優秀的函式―

第 13 章
建模 ─類別設計的基石─

第 **14** 章

重構 ─讓舊有程式碼脫胎換骨的技術─

第 **16** 章

克服職場的阻礙、實踐設計觀念與技術

第 **17** 章

軟體設計之旅的下一站

第 **1** 章

瞭解不良構造帶來的危害

要設計出好的結構[註1]，首先必須瞭解不良結構帶來的危害。在這之後還要知道怎樣的結構能讓程式碼更好修改、好的程式碼和不好的程式碼之間又有什麼差異。透過兩者的差異找出不良程式碼的具體問題，就能掌握改善設計的可能性。

筆者也曾經遇過開發的專案大失火。那個專案的 bug[註2] 層出不窮，遲遲無法達到能夠上市的品質；開發者長期大量加班，每天都疲憊不堪。

這場災難的原因，筆者一開始也摸不著頭緒，直到後來拜讀了各式各樣的工具書，才知道有「簡潔又容易理解」、「能減少 bug 出現」的優良設計方式存在。拜此之賜，筆者後來就能夠察覺到讓專案出問題的不良構造了。

瞭解到輕忽結構設計會產生哪些弊病，就是瞭解結構設計重要性的第一步。所謂的弊病包括：

● 要花很多時間才能讀懂程式碼

● 很容易埋藏 bug

● 不良構造又引來另一個不良構造

本章的目標是讓讀者能察覺到不良構造帶來的弊病，接下來會用幾個範例做簡要的說明。

1.1　意義不明的命名

首先說明不好的命名方式會造成什麼問題。

大家能看懂程式 1.1 是用來實作什麼功能嗎？

註1　程式結構有不同的層級，例如類別或函式。除非有特別說明，不然本書提到的「結構」都是指無關層級的所有程式碼結構。

註2　本書將 bug 定義為「導致系統無法達成應有功能的程式缺陷」。

✖ 程式1.1 技術式命名

```
class MemoryStateManager {
  void changeIntValue01(int changeValue) {
    intValue01 -= changeValue;
    if (intValue01 < 0) {
      intValue01 = 0;
      updateState02Flag();
    }
  }
  ...
}
```

　　從這種變數名稱，恐怕是完全看不出來吧。仔細觀察會發現裡面出現了代表資料型別的 int、表示記憶體控制的 Memory 和 Flag 等，一些關於程式和電腦用語的名稱。這種基於使用的技術來命名的方式，就稱為技術式命名（參考 10.4.1節）[註3]。

　　我們再看看其他例子吧。

✖ 程式1.2 連續號碼命名

```
class Class001 {
  void method001();
  void method002();
  void method003();
  ...
}
```

　　像程式 1.2 那樣，用類別（class）或函式（method）[編註] 的編號命名的方式稱為連續號碼命名（參考10.5.4）。

註3　本書為求說明簡要，在很多地方都以 Manager 命名，但這實際上是一個大有問題的名稱。請參考 10.5.2 節。

編註　Java 中的 method，相當於其他程式語言（如 C++）的 function。本書為避免詞意混淆，統一譯為「函式」。

技術式命名和連續號碼命名都是讓人完全看不懂的不良命名方式，光是理解程式碼就要耗費很多時間；如果在沒有理解程式碼的狀態下就去改寫程式碼，還會衍生更多的 bug。

為了減少這些問題，有些人也會用試算表（如 Excel）製作名稱對應表，也就是說明各個類別和函式功能的文件。但只要開發者一忙起來就會忘記密集更新對應表，其他合作的開發人員要是遵照對應表的說明，反倒會被舊資訊給騙了。下一任的開發者也會因為文件裡寫的舊資訊而感到混亂，埋藏 bug 的機會因而增加。

不僅如此，不良的命名還會把程式碼的概念變得更複雜。以用途和目標來命名的話，就可以讓程式碼的構造變得簡潔明瞭（這會在第 10 章解說）。

1.2　難以理解的巢狀條件判斷結構

條件判斷是根據不同條件切換程式流程的基本語法，可說是程式設計的入門必修。但如果草率使用的話，也會化身惡魔，折磨開發者。

在 RPG（role playing game）類型的電玩遊戲裡，發動魔法之前也會需要條件判斷。程式 1.3 就是實作這個判斷的一種作法。

✕　程式 1.3　多重巢狀結構

```
// 判定是否生存
if (0 < member.hitPoint) {
  // 判定是否能夠行動
  if (member.canAct()) {
    // 判定是否還有魔法點數
    if (magic.costMagicPoint <= member.magicPoint) {
      member.consumeMagicPoint(magic.costMagicPoint);
      member.chant(magic);
    }
  }
}
```

在 RPG 裡，角色並不是只要接收到發動魔法的指令就一定能發動魔法。在輪到角色的回合前，角色可能就會先被敵人攻擊而無法繼續戰鬥，或是被催眠、麻痺等狀態影響而動彈不得。因此要像上面的程式碼那樣，一項一項判定是否能發動魔法。

於是我們就會看到，if 的下一層有 if，再下一層又有另一個 if ……簡直是 if 的俄羅斯娃娃。這種像俄羅斯娃娃一樣的構造就稱為巢狀構造。

巢狀構造會讓程式碼變得很難直接看懂。到底從哪一行到哪一行是這個 if 要處理的程式碼區塊[註4]？嚴重一點的話就會寫得像程式 1.4 那樣。

✖ 程式1.4 巨大的巢狀構造

```
if (條件) {
  //
  // 數十到數百行的程式碼
  //
  if (條件) {
    //
    // 數十到數百行的程式碼
    //
    if (條件) {
      //
      // 數十到數百行的程式碼
      //
      if (條件) {
        //
        // 數十到數百行的程式碼
        //
      }
    }
    //
    // 數十到數百行的程式碼
    //
  }
```

註4　大括弧 {} 框起來的範圍。

```
//
// 數十到數百行的程式碼
//
}
```

可能會有人認為這只是開玩笑，但還真的有人會寫出這種程式碼。

程式碼的條件流程太過複雜就會很難理解，debug 會花費更多時間，要修改程式碼也會同樣耗時。沒有正確理解條件判斷的規劃就改寫程式碼的話，就會產生 bug（會在 6.1 節詳細說明）。

1.3　容易召喚各式各樣惡魔的資料類別

「資料類別」是設計不夠充分的軟體裡經常使用的類別構造。資料類別雖然結構單純，但卻容易召喚各式各樣的惡魔來折磨開發者。下方的範例是一個處理金額的資料類別，來看看有哪些地方不太妙吧。

假設有一個處理業務合約的服務，而這個服務也會處理合約裡的金額。如果什麼都沒想就動手實作，程式碼構造就會變得像 1.5 一樣。

✕ 程式 1.5 只有資料的典型類別構造

```
// 契約金額
public class ContractAmount {
  public int amountIncludingTax;  // 含稅金額
  public BigDecimal salesTaxRate; // 消費稅率
}
```

範例的構造把含稅金額和消費稅率設成 public 的類別變數，讓資料可以自由輸入和輸出。這種只用來保存資料的類別就稱為資料類別。

　　現在我們有了裝資料的容器類別，但是還需要計算含稅金額的程式碼。通常沒特別考慮的話，就會把用來計算的程式碼實作成另一個類別，而不是放在資料類別裡面。你是不是見過有人像程式 1.6 這樣，把計算的部分寫在別的類別裡呢？

✗ 程式 1.6 另外寫的金額計算類別

```java
// 管理契約的類別
public class ContractManager {
  public ContractAmount contractAmount;

  // 計算含稅金額
  public int calculateAmountIncludingTax(int amountExcludingTax,
BigDecimal salesTaxRate) {
    BigDecimal multiplier = salesTaxRate.add(new BigDecimal("1.0"));
    BigDecimal amountIncludingTax = multiplier.multiply(new BigDecimal(am
ountExcludingTax));
    return amountIncludingTax.intValue();
  }

  // 簽下合約
  public void conclude() {
    // 省略
    int amountIncludingTax = calculateAmountIncludingTax(amountExcludingT
ax, salesTaxRate);
    contractAmount = new ContractAmount();
    contractAmount.amountIncludingTax = amountIncludingTax;
    contractAmount.salesTaxRate = salesTaxRate;
    // 省略
  }
}
```

　　對很小型的應用程式來說，這種結構應該不成問題。但隨著程式規模擴大，這種結構會吸引很多的惡魔。依序看看會召喚出什麼樣的惡魔吧。

1.3.1　在更改規格時露出尖牙的惡魔

假設剛才提到的合約服務中，消費稅的計算方式需要更動，於是開發人員就修改了計算含稅金額的部分，但幾天後卻傳來「消費稅計算方式沒有更新」的故障報告。檢查之後才發現，原來在別的地方還有計算含稅金額的程式碼沒改到，只好慌忙趕工修正。

這時就會猜想，「其他地方應該也有計算含稅金額的程式碼吧」，地毯式搜索整個專案和消費稅有關的所有地方。結果一看不得了，竟然還有幾十處計算含稅金額的程式碼……[註5]。

圖1.1　資料類別引起的重複程式碼

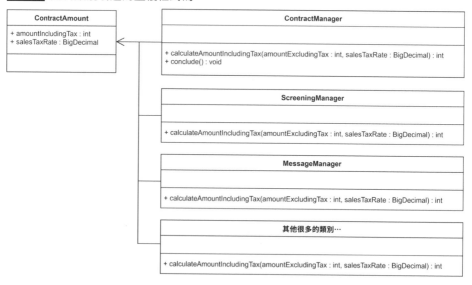

一開始為什麼會寫出這種程式碼呢？

首先，所有處理金額的功能都需要進行含稅計算，因此含稅計算在很多部分都會用到。

註5　這個消費稅的案例是筆者實際遇到的狀況，並不是虛構的故事。當時包括筆者在內的負責成員，費了好大功夫才查清並修正和消費稅有關的所有計算。

　　多數人都知道，就算很多部分都要用到，那也可以在一個地方設計含稅計算的函式就好，不需要實作一大堆到處放。但是如果本來就不關心整體結構設計，開發團隊的其他成員看到只有資料的類別的時候，往往就不會注意其他地方已經做過含稅計算功能，又會重複寫出另一個。

　　保存資料的類別和計算資料的功能分開的話，就常常會發生上述的情況。因為資料和相關計算實作的位置離得太遠，即便實作了好幾次計算功能，也很難被其他開發者發現。資料和相關功能像這樣四散各處的狀況，就稱為**低內聚**。我們來一一檢視低內聚造成的壞處吧。

1.3.2　重複程式碼

　　相關的程式碼彼此距離遙遠的話，就會很難追蹤相關內容。就像前面的合約服務例子，很可能有一個功能明明已經實作過，但是另一個開發成員誤以為「這個功能還沒實作」，就再寫一次相同的程式碼。開發者會在於無意中量產重複的程式碼。

1.3.3　遺漏修正

　　如果實作了很多重複的程式碼，那在規格改變的時候，所有重複的程式碼都得一起修改。要是開發者無法掌控所有重複的程式碼，就會遺漏修正，產生 bug。

1.3.4　可讀性變差

　　可讀性指的是可以多快、多準確解讀程式碼的用途和執行的流程。

相關程式碼四處散布的話，查詢所有相關內容（包括重複程式碼）就會花費大量時間，程式碼的可讀性也就變差了。

小型的應用程式或許還很容易找到相關程式碼，但如果是在幾萬、幾十萬行的原始碼裡大海撈針，不僅很浪費時間，還會無謂地浪費體力和腦力。

1.3.5　未初期化狀態（半熟物件）

執行程式 1.7 會發生什麼事呢？

 **程式 1.7**　半熟物件

```
ContractAmount amount = new ContractAmount();
System.out.println(amount.salesTaxRate.toString());
```

會發生 NullPointerException。銷費稅率 `salesTaxRate` 是定義成 `BigDecimal` 型別，如果沒有先進行初始化就會是 `null`。如果使用這個類別的人不知道 `ContractAmount` 需要初始化，就會產生 bug，所以說這是一個不完整的類別。

這種沒有先初始化就無法使用的類別、或是有可能出現未初始化狀態的類別，之後會稱作「半熟物件」，因為它們無法自立自強。

1.3.6　混入無效值

所謂無效，指的是不符合現實邏輯，比如下例的狀態。

● 訂單數是負數

● 遊戲中的生命值超過最大上限

　　如程式 1.8 所示，用負的消費稅率當引數，就可以很輕易地把無效值混入資料類別。

✕ 程式1.8 混入無效值的可能性

```
ContractAmount amount = new ContractAmount();
amount.salesTaxRate = new BigDecimal("-0.1");
```

　　為了防止無效值混入，使用資料類別的時候往往會加入驗證機制。然而，如同前面提過的含稅計算功能，驗證機制最終可能也會成為散落各處的重複程式碼。

　　如果需要修改驗證機制的規格，又得面對驗證機制的低內聚造成的不良影響，也就是遺漏修正和可讀性變差。

　　我們總結一下資料類別的缺點，也就是低內聚帶來的壞處。

● 重複程式碼

● 遺漏修正

● 可讀性變差

● 未初期化狀態（半熟物件）

● 混入無效值

　　「資料類別」這一隻惡魔會招引來更多惡魔，產生 bug，降低程式碼的可讀性[6]。總而言之會需要花很多時間改正程式碼，降低開發效率。

註6　如果確實有意要設計資料類別，就必須先做足準備，消除資料類別帶來的風險。本書也介紹了一個在
　　　DTO 使用資料類別的例子（10.5.1 節）。

1.4　驅魔的基本

這一章，我們介紹了不良結構造成危害的典型案例。

不過這裡提到的惡魔還只是冰山一角，接下來會有更多的惡魔程式碼層見疊出。難道我們沒有辦法對付這些惡魔嗎？當然還是有辦法的。

首先，要瞭解不良結構帶來的危害。只要能察覺到危害，心中「我必須想辦法處理」的意識就會油然而生。這樣的意識是邁向優良設計的起點。

再來，要適切地設計作為物件導向基礎的類別。物件導向設計會是我們驅魔的利器。

從下一章開始，筆者會以各種例子來解說糟糕的結構和設計方法。

第 **2** 章

設計的第一步

在正式解說類別的設計之前，我們先來瞭解設計的基本概念吧。

本章會以簡單的程式碼為例，讓讀者理解所謂「設計」究竟應該如何實作。接下來我們會先處理變數和函式這種小單元的設計，當作暖身運動。

2.1　選擇清楚表達功能的名稱

首先來看看程式 2.1。這是用在什麼地方的程式呢？

✕ 程式2.1 這究竟是用在什麼地方的程式…？

```
int d = 0;
d = p1 + p2;
d = d - ((d1 + d2) / 2);
if (d < 0) {
  d = 0;
}
```

看起來好像是在計算，但是完全不知道在算什麼。

其實這是遊戲程式裡的傷害量計算。變數各自代表的意義如下表所示。

表 2.1 變數的意義

變數	意義
d	傷害量
p1	玩家本體的攻擊力
p2	玩家武器的攻擊力
d1	敵人本體的防禦力
d2	敵人防禦裝備的防禦力

使用很短的變數名稱，或許可以少打幾個字，節省寫程式的時間；但閱讀理解程式碼會變得很困難，得耗費數十倍的時間。總的來說，開發所需要的時間增加了。

我們要改善變數的名稱，讓閱讀的人可以理解程式的用意。

🔧 **程式 2.2** 取個能表達意圖的名稱吧

```
int damageAmount = 0;
damageAmount = playerArmPower + playerWeaponPower;   // ①
damageAmount = damageAmount - ((enemyBodyDefence + enemyArmorDefence) /
2); // ②
if (damageAmount < 0) {
  damageAmount = 0;
}
```

想要寫一份容易修改的程式碼的話，使用更易懂的名稱就是一項非常重要的設計。設法使用能表達含意的名稱吧。

2.2	不重複使用變數， 要為不同功能準備不同變數

我們在程式 2.2 把程式碼變得容易閱讀了，但還有個問題，那就是傷害量的變數 damageAmount 被多次賦值。

在複雜的計算中，經常會多次賦值給同一個變數。這種重複為變數賦值的行為稱為**重複賦值**。

重複賦值會在程式碼途中更改變數的意義，不僅使讀者感到困惑，還有機會埋藏 bug。

實際上在程式 2.2 裡面，代入 damageAmount 的數值是玩家的攻擊力總量，並不是傷害量。

　　所以不要重複使用變數,為不同功能準備不同變數吧。請仔細觀察程式 2.2 的程式碼,① 的部分是計算玩家的攻擊力總量,② 則是計算敵人的防禦力總量。

　　我們把統整攻擊力和防禦力的變數分別命名為「totalPlayer AttackPower」和「totalEnemyDefence」,重新整理整段程式碼。

🔧 **程式 2.3** 為不同用途精心準備不同變數

```
int totalPlayerAttackPower = playerArmPower + playerWeaponPower;
int totalEnemyDefence = enemyBodyDefence + enemyArmorDefence;

int damageAmount = totalPlayerAttackPower - (totalEnemyDefence / 2);
if (damageAmount < 0) {
  damageAmount = 0;
}
```

　　現在變數之間的關係變清楚了,讀者更容易理解哪個值是整體的資料、以及實際計算時會使用哪個值。

2.3　不寫流水帳,把功能區分為函式

　　程式 2.3 把計算攻擊力和防禦力總量的變數以及統整計算結果的變數區隔開了。

　　但整個處理流程都是流水帳。像這樣隨意地編寫計算流程的話,閱讀者會搞不清楚各個段落在處理什麼東西。隨著計算流程變得複雜,在開發現場常會出現不同東西混在一起的情況,比如攻擊力的計算中混入了防禦力計算。

　　為了防止這種事,我們要把計算的流程組織成有意義的區塊,再分開寫成函式。程式 2.4 是將程式 2.3 中的總攻擊力、總防禦力、傷害量計算抽出來作為函式的程式碼。

⬤ **程式2.4** 依照使用目的，用函式分組吧

```
// 加總玩家的攻擊力
int sumUpPlayerAttackPower(int playerArmPower, int playerWeaponPower) {
  return playerArmPower + playerWeaponPower;
}

// 加總敵人的防禦力
int sumUpEnemyDefence(int enemyBodyDefence, int enemyArmorDefence) {
  return enemyBodyDefence + enemyArmorDefence;
}

// 預估傷害量
int estimateDamage(int totalPlayerAttackPower, int totalEnemyDefence) {
  int damageAmount = totalPlayerAttackPower - (totalEnemyDefence / 2);
  if (damageAmount < 0) {
    return 0;
  }
  return damageAmount;
}
```

再把原本的程式改為呼叫函式的形式。

⬤ **程式2.5** 改為呼叫函式的型式

```
int totalPlayerAttackPower = sumUpPlayerAttackPower(playerBodyPower,
playerWeaponPower);
int totalEnemyDefence = sumUpEnemyDefence(enemyBodyDefence,
enemyArmorDefence);
int damageAmount = estimateDamage(totalPlayerAttackPower,
totalEnemyDefence);
```

把細碎的計算流程框限在函式中，一系列的步驟就會變得更容易閱讀。此外，因為把不同類型的工作分離成不同的函式，現在也更不會搞混了。

比較看看程式 2.1 和 2.5，雖然執行的結果一模一樣，但兩者程式碼的外觀和結構發生了很大的變化。和前者相比，後者的字數大幅增加，但也變得更容易理解。

所謂設計，就是像這樣改良變數的名稱和程式流程，以便未來進行維護、修改。

2.4　將相關的資料和功能統整到類別中

在本章的最後，簡單地說明類別的用途。

用遊戲來舉例吧。涉及戰鬥的遊戲就會有代表主角生命值的 hit point（HP），如同程式 2.6 一般，hit point 常常會用區域變數來定義。

✗ 程式 2.6 只是個單純變數的 hit point

```
int hitPoint;
```

接著還需要加上「受到傷害時減少生命值」的功能，大概會像程式 2.7 這樣寫在某個地方吧。

✗ 程式 2.7 寫在某處的減少生命值功能

```
hitPoint = hitPoint - damageAmount;
if (hitPoint < 0) {
  hitPoint = 0;
}
```

如果想追加「用回復道具回復 HP」的功能，那又會在某處加上像是程式 2.8 的程式碼。

✗ 程式 2.8 寫在某處的回復生命值功能

```
hitPoint = hitPoint + recoveryAmount;
if (999 < hitPoint) {
  hitPoint = 999;
}
```

不僅是遊戲程式，像上面這種變數和操作變數的程式碼，在實作時往往都會分散各處。這對小型的程式來說不是問題，但如果有幾千行原始碼，光是要找到相關功能的位置都會很耗時。

此外，無效值也可能會意外混入，例如變數 hitPoint 不小心變成負值。如果程式在出現無效值的情況下繼續運行，就會出 bug。

類別就可以解決上述的問題。類別可以把資料包裝成一個物件（實例），還能把操作物件的函式統整起來。程式 2.9 示範了統整生命值資料和相關操作的類別。

程式2.9 用類別就能統整密切相關的資料和功能

```
// 表示生命值（HP）的類別
class HitPoint {
  private static final int MIN = 0;
  private static final int MAX = 999;
  final int value;

  HitPoint(final int value) {
    if (value < MIN) throw new IllegalArgumentException("請設為" + MIN +
"以上的數值");
    if (MAX < value) throw new IllegalArgumentException("請設為" + MAX +
"以下的數值");

    this.value = value;
  }

  // 受到傷害
  HitPoint damage(final int damageAmount) {
    final int damaged = value - damageAmount;
    final int corrected = damaged < MIN ? MIN : damaged;
    return new HitPoint(corrected);
  }

  // 回復生命值
  HitPoint recover(final int recoveryAmount) {
```

```
   final int recovered = value + recoveryAmount;
   final int corrected = MAX < recovered ? MAX : recovered;
   return new HitPoint(corrected);
 }
}
```

Hitpoint 類別裡面具備與生命值相關的各種功能，包括計算傷害量的 damage() 函式、回復生命值的 recover() 函式。如果把彼此強烈相關的資料和功能集中在一處，就不用在程式碼中到處翻找了。

在建構函式的部分，設置了排除 0~999 之外數值的功能。如果能事先預防無效值混入，就能成為一個不會出 bug 的堅強結構。

透過像這樣有目標的、適當的設計，能使程式碼結構變得更容易維護和更改。

本章解說了設計的第一步，接下來的章節將更仔細說明專業的設計方法，下一章會特別解釋類別的設計方法與背後的思考方式。類別的設計是本書的基礎，在之後的章節都會不斷提到這個概念。

第 3 章

類別設計
—串接一切的設計基礎—

　　本章將介紹物件導向設計的基礎知識。

　　分離不同主題（參考 10.1.1 節）對於程式碼的維護和修改是非常重要的。物件導向的程式碼比較易於理解、還能很容易地分離主題，所以自 90 年代後期 Java 開始流行以來就一直受到廣泛的支持。

　　物件導向是一種以提高軟體品質為目的的思考方式。物件導向的定義有很多種說法，不過本書不會詳細界定物件導向究竟是什麼。我們會把重點放在如何使用物件導向改進程式結構、以及如何在軟體開發和實務中應用。

　　本書將介紹 class-based 的物件導向設計。「Class-based」是將資料本身和操作資料的功能都統整在一個類別裡，進而建立程式結構的方法。在 class-based 的物件導向設計中，類別是程式結構的基本單位。

　　Class-based 的物件導向語言包括 Java 和 C#。

　　在介紹物件導向設計的的同時，本章也會解說類別設計的基礎知識。雖說還有比類別更小的結構單位，像是條件判斷和函式，可能有些讀者會覺得現在要處理類別還太早了。但是適切地設計類別，能夠改善複雜難解的條件判斷和函式的構造。設計好類別，自然就能讓程式碼變得容易維護和修改。

　　此外，後面章節的內容也是以本章的概念為基礎，所以我們得趁早解說類別的設計方法。

　　本章會以資料類別為例，介紹設計類別的方法，這是擊退惡魔的基礎。我們會逐一擊退潛藏在資料類別的惡魔，同時說明要如何把資料類別轉化為優美成熟的類別。

3.1　設計時應確保類別能獨立運作

　　首先要強調「設計時應確保類別能獨立運作」的觀念。把這個觀念拿到日常生活中做比喻吧，平常使用的耳機、吹風機、微波爐等家電，只要把插頭接上插座就可以立刻使用。鍵盤和滑鼠也是只要接上電腦就可以直接用[註1]。

　　買了耳機後，應該不會發現需要先拆解耳機本體調整各處、或是得先安裝其他零件否則無法正常使用...等等的情況。

　　而且吹風機上有開關、風速調節、冷風熱風切換等按鈕，用按鈕就能正常地操作，不會因為使用者些微的操作失誤就誤調成會弄壞吹風機的風速和溫度。

　　這些產品被設計成可以獨立運作，基本上不會有繁瑣的初始設定、也不會需要組合零件。而且在操作方法上，製造者也會提供不會損害產品的操作方式給使用者。

　　設計類別的思路也是同理，要設計成可以獨立運作，而且不需繁瑣的初始設定也能直接使用。為了防止類別陷入異常狀態並產生 bug ，只在外部提供外部能正確操作的函式。

　　接下來將介紹理想的類別設計方式。

3.1.1　打造堅強的類別，不會敗給惡魔的構成要素

　　類別的構成要素為下方兩點：

- 成員變數
- 函式

註1　雖說也有些產品需要安裝驅動程式，但這邊忽略不計。

　　要讓這些要素更不容易召喚惡魔，就需要明確定義函式的角色職責。基於這點，良好的類別構成要素應該是：

- 成員變數
- 確保成員變數可以正常操作、不會陷入異常狀態的函式

　　兼備以上兩項要素的類別才會成為驅魔的武器，少了其中哪一項要素都不行。

圖 3.1　良好的類別結構

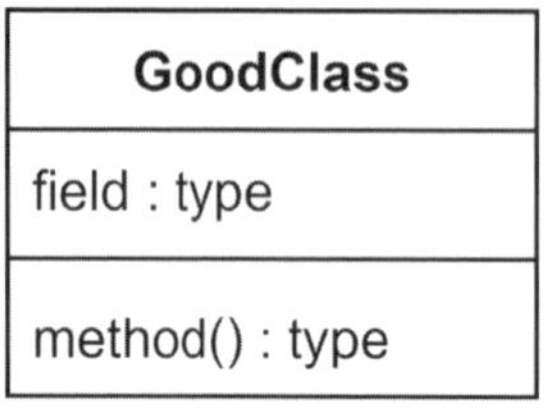

GoodClass
field : type
method() : type

函式必須要使用成員變數。

圖 3.2　不良的類別結構

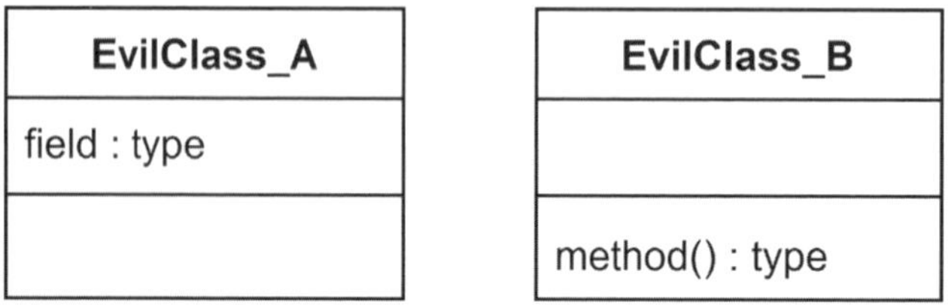

EvilClass_A
field : type

EvilClass_B
method() : type

函式和成員變數，兩者缺一不可。
但為了特殊目的，有時也可能會使用這種構造。

　　為什麼要遵守這些規則呢？回想一下資料類別造成的問題吧（1.3節）。

　　因為操作資料類別物件的功能被寫在另一個類別裡面，相關項目的識別變得相當困難，更造成程式碼重複出現、遺漏修正、可讀性變差的問題。

在創建物件的階段，成員變數就已經處於異常狀態：如果沒有做初始化處理，就會發生 bug。不只這樣，初始化的部分還寫在另一個類別裡。

由於任何值都可以輸入到類別的成員變數中，因此也容易混入無效值。用來預防無效值的驗證程序卻是寫在另一個類別裡，資料類別本身並沒有保護自己的機能。

如方才舉的例子，吹風機和耳機等家電都是設計成能夠獨立正常運作。同理，類別也需要被設計成只靠自己就能正常運作。從這個觀點來看，就能知道資料類別是個沒辦法獨自完成任何事的不成熟類別，如果沒有其他類別協助就不能正常運作。

3.1.2　所有類別都有自我防衛的責任

「如果不做詳細的初始化處理或事前準備就沒辦法使用」，各位讀者會想使用這種類別或函式嗎？

從根本上來說，不管是軟體的函式、類別、模組（module）哪個層級，都必須能單獨運作、不會出 bug，而且隨時都可以安全地使用。

需要大費周章讓其他類別來幫忙初始化、檢查輸入資料等等的類別，是無法獨立安全使用的不成熟類別。

自己要懂得保護自己，所有類別都有自我防衛的責任，這種想法對於軟體的品質非常重要。如果每個構成部份、也就是每個類別在品質上都是完整的，就能提升軟體整體的品質。

資料類別太過依賴其他的類別，這樣的不成熟召來了惡魔。那要怎麼做才好呢？基於自我防衛責任的考量，把資料類別丟給其他類別的工作交還給它自己，這樣設計就可以了。

3.2　讓類別獨當一面的設計技巧

我們來讓資料類別逐步成長為獨當一面的成熟類別吧。在這一章會以表示金額的 Money 類別為例，解釋設計方法。

✗ 程式 3.1 表示金額的類別

```java
import java.util.Currency;

class Money {
  int amount;           // 金額
  Currency currency;    // 幣值
}
```

程式 3.1 的 Money 裡面只有成員變數，是典型的資料類別[註2]。

3.2.1　用建構函式確實設定初始值

資料類別會使用預設建構函式（沒有引數的建構函式）來創立新物件，接著把值代入各個成員變數來進行初始化。這就是「半熟物件（參考 1.3.5 節）」，是會誘發未初始化狀態的類別構造。

為了防止半熟物件的出現，應該要把適當的初始化流程寫在建構函式內，設計成「在建立物件的時候，就已經確實設定好變數的值」。

首先要設計一個建構函式來初始化所有變數，不要使用預設的建構函式。我們在 Money 類別中定義以下的建構函式。

[註2]　Currency 類別是 Java 函式庫裡的貨幣類別，因為是 Java 特有的，如果您使用的是其他程式語言，請自行代換適合的資料型態。

程式3.2 一定要用建構函式做初始化

```
class Money {
  int amount;
  Currency currency;

  Money(int amount, Currency currency) {
    this.amount = amount;
    this.currency = currency;
  }
}
```

　　這樣新物件就一定會初始化了。但光是這樣還不夠，目前程式碼還是可能會傳無效值作為引數。

程式3.3 會傳入無效值

```
Money money = new Money(-100, null);
```

　　如果程式碼執行時帶有無效值，就會出 bug。建構函式裡必須驗證輸入值，防止無效值傳入，如果出現無效值就拋出例外。

　　首先要定義正常值，不符合定義的值就是無效值。我們把這些定義寫在建構函式裡設為判斷標準。

● 金額 amount：0 以上的整數

● 幣值 currency：null 以外的值

程式3.4 用建構函式確保只會出現正常值

```
class Money {
  // 省略
  Money(int amount, Currency currency) {
    if (amount < 0) {
      throw new IllegalArgumentException("請指定0以上的金額。");
    }
    if (currency == null) {
      throw new NullPointerException("請指定幣值。");
    }
```

```
    this.amount = amount;
    this.currency = currency;
  }
}
```

這樣就只能在變數代入正常值了。

順帶一提，像程式 3.4 的建構函式一樣在函式開頭就定義引數條件的手法，稱為防衛子句（guard clause）。使用防衛子句就可以在一開始排除不必要的元素，讓後續的處理變簡單。在建構函式中使用防衛子句還有另一個好處：如果傳入的引數是無效值，建構函式就會拋出例外，因此不會有帶著無效值的 Money 物件出現，程式中只會有安全、正常的物件可以使用。

3.2.2　將計算流程也移到儲存資料的類別

因為當初把 Money 設計為資料類別，所以金額的加法計算就會放在別的類別裡。這種存放資料和操作資料的部分分散開來的情況稱為「低內聚性」，這會引起各式各樣的問題。為了防止這些問題發生，我們的目標是「把之前資料類別丟給其他類別的工作交還給它自己，讓資料類別成長為獨當一面的類別」。

也就是說，計算功能要寫在 Money 類別裡面，像是金額的加法計算函式就要放進去。

程式 3.5 在 Money 加上金額加法計算的函式

```
class Money {
  // 省略
  void add(int other) {
    amount += other;
  }
}
```

這樣 Money 就算是成熟的類別了。但這還稱不上完美，其實其中還潛藏著兩隻惡魔。

3.2.3　用不可變設定防止意料之外的惡魔

直接覆寫物件的成員變數，會讓程式碼變得很難懂。

✖ 程式3.6 一再覆寫變數的值

```
money.amount = originalPrice;
// 省略
if (specialServiceAdded) {
  money.add(additionalServiceFee);
  // 省略
  if (seasonOffApplied) {
    money.amount = seasonPrice();
  }
}
```

如果以「變數的值會一再改變」為前提來寫程式的話，就必須時常留意變數的值現在變成什麼樣、又是什麼時候改變的。在調整程式碼的流程時，很容易因此出現「意料之外的副作用」[註3]，比如說變數的值被覆寫成預期外的值。

為了避免這個問題，我們可以用 final 修飾符把成員變數設定成不可變（immutable）。

🔧 程式3.7 用 final 把變數設定成不可變

```
class Money {
  final int amount;
  final Currency currency;
  Money(int amount, Currency currency) {
```

註3　這裡說的「意料之外的副作用」，指的並不是「函式的副作用」，而是完全不同的東西。4.2.3 節會詳細解說函式的副作用。

```
  // 省略
  this.amount = amount;
  this.currency = currency;
  }
}
```

　　加上 `final` 修飾符的變數只能賦值一次，用建構函式或是在宣告變數時賦值之後就不能再更改。

程式3.8 不能再次賦值

```
Currency yen = Currency.getInstance(Locale.JAPAN);
Money money = new Money(100, yen);
money.amount = -200;  // 編譯錯誤
```

　　這樣設計就能避免把無效值直接代進變數，再配合使用防衛子句的建構函式，就能進一步強化程式的可靠程度。

3.2.4　修改內容時直接建立新的物件

　　「喂喂，設定成不可變的話，變數的值不就不能更改了嗎？」可能有讀者會這麼想。但其實更改數值是有正確方法的。不是直接修改物件的成員變數，而是新建一個 Money 類別的物件，把裡面的成員變數設為新的值。我們把 Money.add( ) 函式改成程式 3.9。

程式3.9 新建一個帶著更改值的 Money 類別物件

```
class Money {
  // 省略
  Money add(int other) {
    int added = amount + other;
    return new Money(added, currency);
  }
}
```

　　這段程式碼會新建一個內含加法計算結果的 Money 物件，再回傳這個新物件。這麼做就能維持變數內容的不可變，同時也可以修改內容。因為回傳的變數是用建構函式創建，所以建構函式的防衛子句就能擋下無效值，預防更改後出現無效值的情況。

3.2.5　函式參數和區域變數也設定成不可變

　　函式內的參數是可以更動的，如程式 3.10。

✖ 程式 3.10 參數可以更動

```
void doSomething(int value) {
  value = 100;
}
```

　　如果參數值在程式碼執行途中改變，就會很難追蹤參數值的變化，也會成為引發 bug 的原因。因此，參數在原則上是不應該修改的。

　　在參數加上 final 就可以設定成不可變，此時如果在函式裡改變參數值，就會出現編譯錯誤。

🔧 程式 3.11 加上 final 把參數設定為不可變

```
void doSomething(final int value) {
  value = 100;  // 出現編譯錯誤
}
```

　　為了打造更堅固的函式構造，也幫參數加上 final 吧。

🔧 程式 3.12 把 add() 函式的參數設定為不可變

```
class Money {
  // 省略
  Money add(final int other) {
    int added = amount + other;
    return new Money(added, currency);
  }
}
```

其他的函式和建構函式也都如法炮製（關於參數的 final 修飾符，也請參見 4.1.2 節）。

區域變數也是同理，在執行途中改變的話就會改變程式碼的意義。程式 2.2 的 damageAmount 就是因為重賦賦值而改變了變數原本的意義。我們也幫區域變數加上 final 吧。

程式 3.13 也把區域變數設定為不可變

```
class Money {
  // 省略
  Money add(final int other) {
    final int added = amount + other;
    return new Money(added, currency);
  }
}
```

4.1 節也會解說區域變數和函式參數的 final 修飾符。

3.2.6　用型別來防止「傳入錯誤的值」

除了「意想不到的副作用」的惡魔，還剩下一隻「傳入錯誤的值」的惡魔。請看程式 3.14。

程式 3.14 會傳入不是金額的值

```
final int ticketCount = 3;  // 票券張數
money.add(ticketCount);
```

竟然把不是金額的票券張數加進來了，這很明顯是 bug。因為金額和票券張數同樣都是 int 型別，所以可以做為引數傳入。這種事在正常的判斷情形下可能不會出現，但在需要處理龐大資料的程式裡，很容易會因為開發者的不小心而發生。筆者自身就曾多次看到這種 bug。

函式應設定成只能傳入 Money 型別，防止傳入錯誤的值。

程式3.15 設定成僅限傳入 Money

```
class Money {
  // 省略
  Money add(final Money other) {
    final int added = amount + other.amount;
    return new Money(added, currency);
  }
}
```

把引數的型別從 int 改成 Money，這樣就不能傳入 Money 以外的其他型別了，可以防止傳入錯誤的值。

如果像原本用 int 型別的話，萬一不小心傳進意義上不對的值，也不會出現編譯錯誤，會很難注意到問題。int、String 等等程式語言中預設的資料型別，稱為基本資料型別。如果總是使用基本資料型別的話，就算有很多值的意義不同，所有的整數還是會被定義成 int，字串則會被定義為 String，沒辦法防止傳入用途不同的值。

反之，如果像 Money 這樣設定成特殊的型別，只要傳入值的型別不同，就會出現編譯錯誤而得以被過濾。此外還能順便防止不同幣值的相加，如果幣值不同就拋出例外異常。

程式3.16 也在 add() 函式追加驗證

```
class Money {
  // 省略
  Money add(final Money other) {
    if (!currency.equals(other.currency)) {
      throw new IllegalArgumentException("幣值錯誤。");
    }

    final int added = amount + other.amount;
    return new Money(added, currency);
  }
}
```

這樣就完成了不容易出 bug 的堅固函式。

3.2.7　不會用到的函式就不要實作

還有一種程式，一不小心就會招來惡魔。程式 3.17 是兩個金額的乘法計算函式，這個函式有意義嗎？

✕ 程式 3.17 兩項金額的相乘計算是合理的嗎？

```java
class Money {
  // 省略
  Money multiply(Money other) {
    if (!currency.equals(other.currency)) {
      throw new IllegalArgumentException("幣值錯誤。");
    }

    final int multiplied = amount * other.amount;
    return new Money(multiplied, currency);
  }
}
```

計算金額的合計值要用加法，計算折價要用減法，計算比例會乘上某個小數，但把兩個金額相乘是合理的嗎？至少在會計的計算上是不可能的吧。有時會想著「因為是成員是 int，所以就讓資料可以做加減乘除吧」，一片「好心」地追加了系統功能中不必要的函式，卻會讓使用者一不小心弄出 bug。我們只要定義系統功能中必要的函式就好。

3.3　檢驗驅魔的效果

以上就是用物件導向設計來擊退惡魔的基本知識，現在來看看 Money 類別的原始碼和類別圖吧^{註4}。

註4　本書不會在類別圖中標示 final 修飾符。

程式3.18 將相關的功能聚集起來，日後更容易修改的 Money 類別。

```java
import java.util.Currency;

class Money {
  final int amount;
  final Currency currency;

  Money(final int amount, final Currency currency) {
    if (amount < 0) {
      throw new IllegalArgumentException("請指定0以上的金額。");
    }
    if (currency == null) {
      throw new NullPointerException("請指定幣值。");
    }

    this.amount = amount;
    this.currency = currency;
  }

  Money add(final Money other) {
    if (!currency.equals(other.currency)) {
      throw new IllegalArgumentException("幣值錯誤。");
    }

    final int added = amount + other.amount;
    return new Money(added, currency);
  }
}
```

圖3.3 Money 類別圖

Money
amount : int currency : Currency
Money(amount : int, currency : Currency) add(other : Money) : Money

　　資料類別裡本來有很多惡魔，在我們的努力下，是否已經成功驅除那些惡魔了呢？檢驗後（表 3.1）可以發現，惡魔已經被消滅，程式碼的結構設計得很牢固，幾乎沒有讓惡魔趁虛而入的機會。

表3.1　檢驗物件導向設計的效果

惡魔	現在狀況
重複程式碼	因為必要的功能都集中到 Money 類別了，其他類別不會出現重複的程式碼。
遺漏修正	重複程式碼消失了，也就更不容易遺漏修正。
可讀性變差	因為必要的功能都集中到 Money 類別，debug 或更改規格時就不需要四處尋找，可讀性提升了。
半熟物件	用建構函式設定變數的值，避免未初始化狀態。
混入無效值	用防衛子句來過濾無效值，並在成員變數加上 final 修飾符設定成不可變，無效值就無法混入了。
意想不到的副作用	用 final 修飾符把區域變數也設定成不可變，解決了這個副作用。
傳入錯誤的值	把引數設定成 Money 型別，讓編譯器來防止不同型別的值互通。

　　本章開頭列出了以下兩點為驅魔的類別要素：

- 成員變數
- 確保成員變數可以正常操作、不會陷入異常狀態的函式

　　如果說 bug 的成因就是資料裡混入不正確的值，那現在的 Money 類別已經在建構函式和 add() 函式的防衛子句防堵了無效值，就可以抑制 bug 出現。

　　像這樣以成員變數為中心，以「不要讓成員變數陷入異常狀態」為目標設計類別，就能夠驅除惡魔。甚至可以說，**所謂類別設計，就是要防止成員變數陷入異常狀態**。即便裡面的資料都相同，如果以函式引數、區域變數、靜態變數為中心去設計的話，是無法防禦惡魔的攻擊的，只有以成員變數為中心來設計才能夠成功防禦惡魔。

程式 1.5 的 `ContractAmount` 本身不含任何和契約金額相關的功能，因而招來了各式各樣的問題[註5]。相對的，`Money` 類別則是把關於金額的規則和限制都緊密地集中在一起。

相關的功能四處散落在程式碼各處的構造稱為低內聚。相反的，像這個 `Money` 類別一樣，將密切相關的功能緊密集中在某一處的的構造就叫做高內聚。而這種「把資料本身以及操作資料的功能都整理成一個類別，只把必要的程序（也就是函式）對外公開」的作法，則稱為**封裝**。

3.4 解決程式結構問題的設計模式

這些可以改善程式碼構造的設計手法稱為設計模式（design pattern），包括讓程式碼高內聚化、防止程式碼發生異常等。設計模式作為一種設計的知識，也分為各種不同的類型，每個設計模式都能發揮不同效用[註6]，這邊舉了一些例子在表 3.2。

表3.2 設計模式的例子

設計模式	效用
完整建構函式	防止異常引數傳入
值物件（value object）	聚集與特定值相關的功能，達到高內聚
策略模式（strategy pattern）	削減條件判斷的分歧，簡化程式碼
政策模式（policy pattern）[編註]	簡化條件判斷，判斷規則可以彈性調整
一級集合（first class collection）	「值物件」的一種，集中和集合相關的功能，提高內聚性
側芽（sprout）函式	不用更動既有的程式碼，安全追加新功能

[註5] 軟體開發的專家 Martin Fowler 將這種缺少相關功能的狀態稱為貧血模型（Anemic Domain Model）。
[註6] 遊戲裡的魔法有很多種效果，比如攻擊魔法、提升隊友防禦力的魔法等等。設計模式也是如此，各自都有不同的效果。
[編註] 許多人將策略模式和政策模式當作是同一種設計模式的不同名稱，但本書作者將其區分為不同作法。詳見 6.2 與 6.3 的說明。

實際上，本章的 Money 類別就是使用了「完整建構函式」以及「值物件」這兩種設計模式。

3.4.1 　完整建構函式

完整建構函式是用來預防異常狀態的設計模式。如果用不帶參數的預設建構函式創建新物件，之後再幫成員變數賦值的話，過程中就會出現未初始化的破綻而成為半熟物件。

為了防止半熟物件的出現，必須準備一個建構函式來初始化所有成員變數。再來建構函式中要用防衛子句來過濾無效值。透過這樣的設計，就能確保只會創建出變數值正常的完整物件。Money 類別的建構函式，就是標準的完整建構函式的構造。

再進一步幫成員變數加上 final 修飾符，設定成不可變，這樣在創建後就不會又變成無效值。如此就完成了一個能防禦異常狀態的堅固構造。

3.4.2 　值物件

值物件（value object）指的是把值表現為類別的設計模式。一個應用程式可能會處理到金額、日期、購買數量、電話號碼等各式各樣的值，把這些值用類別來呈現，就能提高每個值的相關程式碼的內聚性。

比如說用 int 型別的區域變數或引數來控制金額的話，計算金額的功能就可能會四散在各處，造成低內聚的問題。而且同為 int 的「購買數量」和「折扣點數」也可能一不小心就代入金額的 int 變數裡。

為了防止這種事發生，就要把值的概念定義成類別。

在 Money 類別的範例中，金額的限制條件（0 元以上）已經封裝在建構函式裡了。而且我們還寫了 Money.add() 函式，計算金額的功能就不會散落在其他地方。這些方式都能達成高內聚的效果。再加上 Money.add() 只能傳入同為 Money 型別的資料，可以防止不同含意的值誤傳。

應用程式中處理的值和概念都可以設計成值物件，表 3.3 列舉了一些例子 。

表3.3 可以設計成值物件的值和概念

應用程式	可以設計的值物件
電子商務網站	金額、商品名稱、購買數量、電話號碼、出貨地址、送貨地址、折扣點數、折扣金額、送貨時間
專案管理工具	專案名稱、專案說明、附註、開始日、截止日、優先度、進度、負責人 ID、負責人姓名
健康管理 App	年齡、性別、身高、體重、BMI、血壓、腰圍、體脂肪量、體脂肪率、基礎代謝量
遊戲	最大 HP、剩餘 HP、HP 回復量、攻擊力、魔力、消耗魔力、持有金額、敵人掉落金額、道具價格、道具名稱

值物件與完整建構函式追求的效果相近，通常會將兩者搭配併用。**「值物件 + 完整建構函式」是物件導向設計中最基礎的結構之一**，這麼說一點也不為過。

Money 型別用「值物件 + 完整建構函式」來設計，就可以呈現物件的含義和相關限制，從而編寫出堅固的程式碼。將應用程式要處理的值仔細地設計成值物件，是擊退惡魔的基礎。

「值物件 + 完整建構函式」的組合會在往後的許多範例中用到，請

務必牢記。

本書內容在不同程式語言的應用

程式語言有很多種類。根據不同語言，也會有不同的思考方式和規範。

除了物件導向之外，還有程序式和函數式等多種程式語言的範式（paradigm，程式的規範或組織方式）。也有一些程式語言有多種範式。

在型別系統中，還有分成靜態型別和動態型別。

本書主要討論的 Java 是一種靜態型別、class-based 的物件導向語言。與 Java 同類的語言包括 C#、Kotlin、Scala 等等。

那麼其他程式語言就不能應用本書的設計方法了嗎？沒有這回事。

例如，Ruby 是一種動態型別的語言，但和 Java 同為 class-based 的物件導向語言，類別的組成要素基本上是相同的。筆者在開發工作時用的程式語言就是 Ruby，也能夠非常充分地活用本書的設計技巧。舉例來說，如果把本章的 **Money** 類別改為用 Ruby 實作的話，就會像程式3.19那樣。

程式3.19 Ruby 版的 Money 類別

```ruby
class Money
  attr_reader :amount, :currency

  def initialize(amount, currency)
    if amount < 0
      raise ArgumentError.new('請指定0以上的金額。')
    end
    if currency.nil? || currency.empty?
      raise ArgumentError.new('請指定幣值。')
    end
    @amount = amount
    @currency = currency
    self.freeze  # 設定為不可變
```

```
    end

  def add(other)
    if @currency != other.currency
      raise ArgumentError.new('幣值錯誤。')
    end
    added = @amount + other.amount
    Money.new(added, @currency)
  end
end
```

　　再來，JavaScript 雖然也是物件導向語言，但與 class-based 的
Java 不同，JavaScript 是 prototype-based。Prototype-based 就是利
用稱為 prototype（原型）的機制來建立結構的方式。和類別做為基礎的
class-based 語言相比，兩者的思考方式和機制都有所不同。但我們仍然
可以寫出效果相似的程式碼。

程式 3.20　JavaScript 版的 Money 物件

```javascript
function Money(amount, currency) {
  if (amount < 0) {
    throw new Error('請指定0以上的金額。');
  }
  if (!currency) {
    throw new Error('請指定幣值。');
  }
  this.amount = amount;
  this.currency = currency;
  Object.freeze(this);   // 設定為不可變
}

Money.prototype.add = function(other) {
  if (this.currency !== other.currency) {
    throw new Error('幣值錯誤。');
  }
  const added = this.amount + other.amount;
  return new Money(added, this.currency);
}
```

　　JavaScript 在 ES2015 後就新增了類別的語法，因此也能用 JavaScript 寫出類似類別的敘述。但即便是用 prototype-based 的寫法，這本書的招式也還是能派上用場。

　　重要的是「把資料和相關程式碼統整在同一處」、「提高程式碼的內聚性」，還有「在封裝之後只把必要的功能對外公開」。這些設計模式都可以透過類別和 prototype 來實現，只是在使用上會有思考方式和規範的不同。

　　根據語言的範式和規範，可能某些技巧會難以應用，但筆者認為大部分都是適用的。即便應用上有困難，也可以成為一個契機，思考如何活用背後的思路、可以應用在什麼場合。之後講到目標式名稱設計和建模等等的時候，會再解說任何程式語言都能活用的共通手法。

第 4 章

活用不可變性質
─建立穩定的結果─

　　本章將更詳細地解釋在第 3 章討論過的「可變和不可變」。可以修改變數值的狀態稱為可變（mutable），而無法變更的狀態則稱為不可變（immutable）。

　　如果沒有適當設計狀態的可變和不可變的話，惡魔可是會暴走的。我們會無法預測程式碼的行動，弄得一團混亂，比如說在實作時想著「應該要變成這個值」，結果卻變成了預期之外的值，這樣的狀況就會更頻繁發生。

　　如果要驅除這隻惡魔，「將更改值的範圍最小化」的設計是非常重要的。其中「不可變」發揮了極大的作用，逐漸成為近年程式設計的標準。

4.1　重複賦值

　　重覆將值代入變數的動作稱為「重複賦值」或是「破壞性的賦值」。重複賦值會改變變數的意義，進而讓預測變得很困難。此外，也會很難追蹤變數是在什麼時候被更改的。

　　這裡以遊戲為例來做說明，請看計算傷害量的程式 4.1。

✕ 程式4.1 對變數 tmp 不斷重複賦值

```
int damage() {
    // 基本攻擊力是成員本身的能力值加上武器性能值
    int tmp = member.power() + member.weaponAttack();
    // 用成員的速度調整攻擊力
    tmp = (int)(tmp * (1f + member.speed() / 100f));
    // 傷害量是攻擊力減去敵人防禦力
    tmp = tmp - (int)(enemy.defence / 2);
    // 修正傷害量，使傷害量不會是負數
    tmp = Math.max(0, tmp);

    return tmp;
}
```

計算過程中使用了各種參數來調整，反覆地修改 tmp 區域變數。這裡的變數 tmp 會代表基本攻擊力、調整後的攻擊力、傷害值等，變數值的含意不斷變動。

變數的含意如果中途改變的話，會在閱讀時感到混亂，很可能會誤解其中的含意並埋下 bug，因此應該避免重複賦值的情況發生。只要使用另一個新變數，不去覆寫現有變數，就可以避免重複賦值。

4.1.1　設定為不可變，防止重複賦值

有個好方法可以在機制上防止重複賦值，就是在區域變數加上 final 修飾符。加上 final 的變數會被設定成不可變，也就無法再變動了。如程式 4.2 的程式碼就沒辦法編譯。

程式 4.2　區域變數加上 final，就不能重複賦值了

```
void doSomething() {
  final int value = 100;
  value = 200;  // 編譯錯誤
```

接著把程式 4.1 的 damage() 函式改成使用不可變的區域變數。

程式 4.3　改成獨立的不可變區域變數。

```
int damage() {
  final int basicAttackPower = member.power() + member.weaponAttack();
  final int finalAttackPower = (int)(basicAttackPower * (1f + member.
speed() / 100f));
  final int reduction = (int)(enemy.defence / 2);
  final int damage = Math.max(0, finalAttackPower - reduction);

  return damage;
}
```

4.1.2　把參數也設定為不變

同理，中途改變參數值的含意也會造成混亂，可能會引發 bug。

✗ 程式 4.4 對參數 productPrice 重複賦值

```
void addPrice(int productPrice) {
  productPrice = totalPrice + productPrice;
  if (MAX_TOTAL_PRICE < productPrice) {
    throw new IllegalArgumentException("超過最大購買金額。");
  }
```

為了防止重複賦值，幫參數也加上 final 吧。如果想要變更參數的話，就再準備另一個不可變的區域變數來代入變更的值。

🔧 程式 4.5 參數加上 final，設定成不可變。

```
void addPrice(final int productPrice) {
  final int increasedTotalPrice = totalPrice + productPrice;
  if (MAX_TOTAL_PRICE < increasedTotalPrice) {
    throw new IllegalArgumentException("超過最大購買金額。");
  }
```

4.2　可變狀態帶來的意外後果

變數如果是可變狀態，很容易產生意外的後果。修改程式碼時，變數值可能會在意想不到的地方改變，導致執行結果與預期不符。

這裡介紹兩個可能會出現意外後果的案例，接著會深入說明要怎麼改善設計來解決這些問題。

4.2.1　案例 1：可變變數的反覆使用

這裡以遊戲程式為例來說明。

　　我們實作了武器的攻擊力 AttackPower 類別。但是統整攻擊力值的成員變數 value 並沒有加上 final 修飾符，仍是可變狀態。

✕ 程式4.6 表示攻擊力的類別

```
class AttackPower {
  static final int MIN = 0;
  int value;  // 沒有加上 final 所以是可變狀態

  AttackPower(int value) {
    if (value < MIN) {
      throw new IllegalArgumentException();
    }

    this.value = value;
  }
}
```

　　Weapon 類別表示武器，裡面包含成員變數 attackPower。

程式4.7 表示武器的類別

```
class Weapon {
  final AttackPower attackPower;

  Weapon(AttackPower attackPower) {
    this.attackPower = attackPower;
  }
}
```

　　在一開始的規格裡，每種武器的攻擊力是固定的。當攻擊力相同時，會出現重複使用 AttackPower 變數的情況。

程式4.8 重複使用 AttackPower 變數

```
AttackPower attackPower = new AttackPower(20);

Weapon weaponA = new Weapon(attackPower);
Weapon weaponB = new Weapon(attackPower);
```

　　後來規格修改了，每個武器可以各自強化攻擊力。但此時卻出現 bug：強化某個武器的攻擊力時，其他武器的攻擊力也增強了，請看程式 4.9。這是因為重複使用了 AttackPower 的變數，所以要更改 weaponA 的攻擊力時，卻連 weaponB 的攻擊力也一起改變了（程式 4.10）。

✖　程式4.9 如果更改重複使用的攻擊力的話......？

```
AttackPower attackPower = new AttackPower(20);

Weapon weaponA = new Weapon(attackPower);
Weapon weaponB = new Weapon(attackPower);

weaponA.attackPower.value = 25;

System.out.println("Weapon A attack power : " + weaponA.attackPower.
value);
System.out.println("Weapon B attack power : " + weaponB.attackPower.
value);
```

程式4.10 其他武器的攻擊力也會一起改變

```
Weapon A attack power : 25
Weapon B attack power : 25
```

　　像這樣，可變的成員變數很容易招致意外的變化。如果重複使用 AttackPower 的變數，某處的變更就會影響到另一處。

　　如果想阻止像這樣的意外發生，就必須避免重複使用變數，分開創建 AttackPower 變數，改成不會重複使用的設計。

🔧　程式4.11 分別創建攻擊力的變數

```
AttackPower attackPowerA = new AttackPower(20);
AttackPower attackPowerB = new AttackPower(20);

Weapon weaponA = new Weapon(attackPowerA);
Weapon weaponB = new Weapon(attackPowerB);
```

```
weaponA.attackPower.value += 5;

System.out.println("Weapon A attack power : " + weaponA.attackPower.↵
value);
System.out.println("Weapon B attack power : " + weaponB.attackPower.↵
value);
```

　　這樣即便更改了某處的攻擊力，也不會影響到另一處。

程式 4.12 不重複使用變數，一處的修改就不會影響到另一處

```
Weapon A attack power : 25
Weapon B attack power : 20
```

4.2.2 　案例 2：用函式來操作可變實例

　　函式也會引起意料之外的動作。

　　這邊在 Attackpower 類別裡追加了能夠改變攻擊力的 reinforce()
函式和 disable() 函式。

❌ **程式 4.13** 追加了用來改變攻擊力的函式

```
class AttackPower {
  static final int MIN = 0;
  int value;

  AttackPower(int value) {
    if (value < MIN) {
      throw new IllegalArgumentException();
    }

    this.value = value;
  }

  /**
   * 強化攻擊力
   * @param increment 攻擊力的增加量
```

```
 */
void reinForce(int increment) {
  value += increment;
}

/** 無效化 */
void disable() {
  value = MIN;
}
}
```

　　在這個實作，如果要在戰鬥中強化攻擊力，就會呼叫 AttackPower.
reinForce() 函式。

程式4.14　強化攻擊力的處理

```
AttackPower attackPower = new AttackPower(20);
// 省略
attackPower.reinForce(15);
System.out.println("attack power : " + attackPower.value);
```

　　剛開始程式運作得很正常。

程式4.15　攻擊力如預期增加

```
attack power : 35
```

　　但是某天就突然出了問題，常常發生攻擊力變成 0 的狀況。

程式4.16　攻擊力莫名其妙變成 0

```
attack power : 0
```

　　經過調查，發現問題的原因在於 AttackPower 的變數被重複使用
了。程式 4.17 的執行緒中呼叫了 AttackPower.disable() 函式，而它
會把攻擊力設為零。

程式 4.17 攻擊力在另一個執行緒裡被更改了

```
// 另一個執行緒
attackPower.disable();
```

AttackPower 的 disable() 函式和 reinForce() 函式存在結構上的問題，也就是說有「副作用」。

4.2.3　副作用的壞處

副作用是指函式除了接收引數、回傳結果之外，還會改變外部狀態（如變數等等）的情況。[註1]

更具體地說，函式的效果可以分為主要作用以及副作用。

● 主要作用：接收引數、回傳結果

● 副作用：對狀態進行除了主要效果之外的修改

這裡的「修改狀態」，指的是對函式之外的狀態進行更改。比如下列的情況。

● 更改成員變數

● 更改全域變數（9.5 節）

● 更改引數

● 進行讀取檔案等 I/O 操作

程式 4.17 中，在另一個執行緒呼叫的 AttackPower.disable() 影響了其他沒有預料到的地方。每次執行 AttackPower.disable() 或 AttackPower.reinForce() 時，成員變數 AttackPower.value 的值都會變來變去。想取得同樣的執行結果，就必須控制處理的執行順序，比如

註1　請注意這裡的副作用和在 3.2.3 節提到的意料之外的副作用並不一樣。

每次都要以同樣的順序執行。這會讓結果的預測變得困難，程式碼的維護也變得更複雜。

不僅是成員變數，全域變數和引數的更改也會產生類似的問題。

讀取檔案等 I/O 操作也可以視為狀態的改變，只是資料儲存的位置從記憶體上的變數改成外部裝置。此外，在讀取檔案時，並不能保證當下檔案一定存在，而且檔案內容也有可能在某處被更改過，所以也沒辦法總是獲得相同的結果。

另外要注意，更改在函式內宣告的區域變數並不算是副作用，因為不會影響到函式以外的任何部分。

4.2.4　限制函式的影響範圍

有副作用的函式會很難推測其影響範圍會延伸到哪裡。因此，為了防止無法預測的行為，最好把函式的影響限制在可以控制的範圍內。

在設計函式時，應以滿足以下條件為前提：

● 函式透過引數接收資料（也就是狀態）

● 函式不修改狀態

● 輸出值要以函式回傳值的形式輸出

理想的函式會透過引數來獲取狀態，不會改變狀態，只把值回傳。[註2]

讀到這個前提時，可能有讀者會想「直接在函式中修改成員變數不就好了嗎？」然而這種作法其實並不理想，稍後會再做更具體的解釋。把成員變數設為不可變，可以防止影響範圍的擴大、避免結果出現意外。不過，在物件導向程式語言中，一般更常見的設計方式是將影響限制在類別

註2　和副作用相關的概念中，有一個叫「引用透明性」的詞彙，指的是當條件（引數）相同時，執行結果始終相等的性質。

的變數範圍內,而不是嚴格規定函式不能有副作用。本書也不會限制成員
變數只能在同一個類別的函式中使用。

4.2.5 設定為不可變以防止意外的結果

再來就以目前為止解說的思考迴路來改善 AttackPower 類別,防止
意外的結果發生吧。我們要重新設計構造,利用不可變來提高程式碼的穩
定度(程式 4.18)。

可變的成員變數 value,會給副作用可趁之機。如果自以為「我有仔
細地寫程式碼,所以就算設定成可變也沒問題」的話,還真是對自己太有
信心了。很常見的狀況是**在更改規格時無意間埋入有副作用的函式,導致
意外的結果**。程式碼的量越大,這樣的傾向就越顯著。

為了不讓副作用有可趁之機,必須在成員變數 value 加上 final 修
飾符,設定成不可變。

把變數設定成不可變,理所當然就不能更改了。如果要更改的話,就
得新創建一個變數,設為要更改的值。reinForce() 函式和 disable()
函式都要創建帶著新值的 AttackPower 成員變數,再把新的變數回傳。

程式4.18 設定為不可變而更牢固的 AttackPower 類別

```
class AttackPower {
  static final int MIN = 0;
  final int value;  // 加上 final 設定成不可變。

  AttackPower(final int value) {
    if (value < MIN) {
      throw new IllegalArgumentException();
    }

    this.value = value;
  }
```

```
/**
 * 強化攻擊力
 * @param increment 攻擊力的增加量
 * @return 被強化的攻擊力
 */
AttackPower reinForce(final AttackPower increment) {
  return new AttackPower(this.value + increment.value);
}

/**
 * 無效化
 * @return 被無效化的攻擊力
 */
AttackPower disable() {
  return new AttackPower(MIN);
}
}
```

　　也需要更改呼叫 AttackPower 的程式碼（程式 4.19、程式 4.20）。
由於成員變數 AttackPower.value 的狀態是不可變的，因此要更改攻擊
力的話就只能呼叫 reinForce() 和 disable() 函式來創建帶著變更後
新值的 AttackPower 變數。雖然 attackPower 變數會重複使用，但只
用來呼叫函式，更改後的攻擊力會存成新的變數，這麼一來變化前、變化
後的攻擊力就不會相互影響。

程式 4.19　限縮攻擊力強化的影響範圍

```
final AttackPower attackPower = new AttackPower(20);
// 省略
final AttackPower reinForced = attackPower.reinForce(new ↵
AttackPower(15));
System.out.println("attack power : " + reinForced.value);
```

程式 4.20　因為創建了另一個變數所以不會造成影響

```
// 另一個執行緒的處理
final AttackPower disabled = attackPower.disable();
```

也順便在程式 4.11 裡運用不可變的性質吧。我們可以追加一個函式到 Weapon 類別裡面，這個用來強化武器的 reinForce() 函式，會創建並回傳強化攻擊力後的 Weapon 變數。

程式4.21 代表武器的類別（改良版）

```
class Weapon {
  final AttackPower attackPower;

  Weapon(final AttackPower attackPower) {
    this.attackPower = attackPower;
  }

  /**
   * 強化武器
   * @param increment 攻擊力的增加量
   * @return 已強化的武器
   */
  Weapon reinForce(final AttackPower increment) {
    final AttackPower reinForced = attackPower.reinForce(increment);
    return new Weapon(reinForced);
  }
}
```

隨著 AttackPower 和 Weapon 的改善，程式 4.11 就變成了程式 4.22。

程式4.22 AttackPower 和 Weapon 的使用（改良版）

```
final AttackPower attackPowerA = new AttackPower(20);
final AttackPower attackPowerB = new AttackPower(20);

final Weapon weaponA = new Weapon(attackPowerA);
final Weapon weaponB = new Weapon(attackPowerB);

final AttackPower increment = new AttackPower(5);
final Weapon reinForcedWeaponA = weaponA.reinForce(increment);
```

```
System.out.println("Weapon A attack power : " + weaponA.attackPower.↵
value);
System.out.println("Reinforced weapon A attack power : " + ↵
reinForcedWeaponA.attackPower.value);
System.out.println("Weapon B attack power : " + weaponB.attackPower.↵
value);
```

　　強化前的 `weaponA` 和強化後的 `reinForcedWeaponA` 是不同的變數，而且都不可變。它們各自內部帶有的 `AttackPower` 變數也是彼此互不影響（程式 4.23）。

程式 4.23 數值互不影響

```
Weapon A attack power : 20
Reinforced weapon A attack power : 25
Weapon B attack power : 20
```

4.3 不可變和可變的處理方針

　　在實際開發中，究竟要如何處理不可變和可變呢？可以參考以下的指南。

4.3.1 預設不可變

　　如同之前的解釋，設定成不可變會有以下的好處。

● 變數的意義不再改變，減少混亂。

● 執行結果變穩定，更容易預測。

● 限制程式碼的影響範圍，更容易維護。

　　因此，建議的設計方式是以不可變為標準。本書也採用以不可變為標準的設計風格，基於防呆的考量，設計成**無法被誤用**的結構。

在 Java 中，要使變數成為不可變的話，必須在變數宣告時使用
`final` 修飾符，這可能會讓程式碼變得有點冗長，但相較於好處仍是瑕
不掩瑜。而 Kotlin 和 Scala 則是可以選擇使用 `val`（不可變）或是 `var`
（可變）、JavaScript 也有用來宣告常數的 `const`，在這些語言中設定不
可變就不會讓程式碼變得太冗長。

而在 Rust，預設狀態就是不可變。如果要改成可變的話，需要加上
`mut`。

如上所述，近年來的許多程式語言都更容易導入不可變的機制，筆者
認為這表示不可變的重要性日益增加。

4.3.2　可以設為可變的情況

基本上不可變是理想的選擇，但也有不適合使用不可變的情況，像是
涉及到性能的問題。例如大量資料的高速處理、圖像處理，或是資源嚴格
受限的嵌入式軟體開發中，可變的設計還是有其必要。

如果設定成不可變的話，就必須創建新的變數才能更改值。因此若是
需要大量更改值、或創建變數太過耗時而導致無法符合性能要求，那設定
成可變就是更好的選擇。

除了性能的考量之外，若是變數範圍在局部的話也可以設定成可變。
例如一個確定只能在迴圈內使用的區域變數，比如說迴圈計數器，設定成
可變也沒有關係。

4.3.3　設計能正確更改狀態的函式

如果要把成員變數設為可變，就需要特別注意函式的設計。程式
4.24 是遊戲中的生命值以及成員的類別，並且有以下的規則。

- 生命值需大於 0。

- 生命值小於 0 時，須設定為死亡狀態。

那麼，`Member.damage()` 函式究竟有沒有符合這些規則呢？

✕ 程式 4.24　難以正常運作的詭異程式碼

```java
class HitPoint {
  int amount;
}

class Member {
  final HitPoint hitPoint;
  final States states;
  // 省略

  /**
   * 受到傷害
   * @param damageAmount 傷害量
   */
  void damage(int damageAmount) {
    hitPoint.amount -= damageAmount;
  }
}
```

在 `Member.damage()` 的設計中，`HitPoint.amount` 可能會變成負數，而且即使生命值歸零也沒有把狀態改為死亡，這是不符合規則的。

如果要設定成可變的話，就要讓程式碼能夠正確地更改狀態。引發狀態更改的函式稱作「存值函式」（mutator，又譯為「變異子」）。我們要把剛剛的程式碼改良成可以正確更改狀態的存值函式。

⚫ 程式 4.25　既然設定為可變，就要能正確地修改狀態

```java
class HitPoint {
  private static final int MIN = 0;
  int amount;
```

```java
  HitPoint(final int amount) {
    if (amount < MIN) {
      throw new IllegalArgumentException();
    }

    this.amount = amount;
  }

  /**
   * 受到傷害
   * @param damageAmount 傷害量
   */
  void damage(final int damageAmount) {
    final int nextAmount = amount - damageAmount;
    amount = Math.max(MIN, nextAmount);
  }

  /** @return 如果生命值為零，則為true */
  boolean isZero() {
    return amount == MIN;
  }
}

class Member {
  final HitPoint hitPoint;
  final States states;
  // 省略

  /**
   * 受到傷害
   * @param damageAmount 傷害量
   */
  void damage(final int damageAmount) {
    hitPoint.damage(damageAmount);
    if (hitPoint.isZero()) {
      states.add(StateType.dead);
    }
  }
}
```

4.3.4　局部化程式碼與外界的互動

不管再怎麼謹慎地以不可變為原則來設計程式，仍然要小心注意程式碼與外界的互動。

檔案讀寫等等的 I/O 操作就會受程式碼外界的狀態影響。在網路應用程式中，資料庫的操作幾乎是必不可少的。

不管如何仔細地編寫程式，這些都是程式碼之外的狀態，比如說檔案的內容可能會被另一個系統更改，我們沒辦法完全控制這些動作。如果未經思考就寫出依賴外部狀態的程式碼的話，程式碼的可讀性會降低，也會很難預測執行結果。

近幾年為了把影響最小化，也開始流行將程式碼與外界的互動局部化的技術。其中一種局部化的方式是儲存庫模式（repository pattern）註3，這是一種封裝資料庫操作的設計模式。

註3　這是一種把資料來源（如資料庫）的存取功能封裝起來的設計模式。將資料庫相關的功能隔離在儲存庫模式的類別中，應用程式本身的功能就不會被資料庫相關的功能給干擾。一般來說，為了讓程式碼更易於修改，儲存庫模式會採用聚合（aggregation）的類別設計。

第 **5** 章

低內聚

—七零八落的物件—

本章將深入探討內聚性的概念。

內聚性（cohesion）是一項評估標準，用來描述模組內資料和功能之間的關係強度（參考15.5.3 節）。「模組」可以有不同尺度的解釋，例如類別、套件或層（layer）；為了簡化說明，本書會集中討論類別。因此，之後提到的內聚性定義為「衡量類別內資料和功能之間關係強度的標準」。

理想的結構應有高內聚性，維護時可以簡單、有效率地修改。相反地，低內聚性的結構則是脆弱且難以更動。之前介紹過的資料類別是低內聚的代表性例子，但除了資料類別之外，還存在其他容易引起低內聚的惡魔。這章將分別介紹這些結構還有對應的解決策略。

圖5.1　程式碼七零八落的話，會搞不清楚到底哪些東西在哪裡

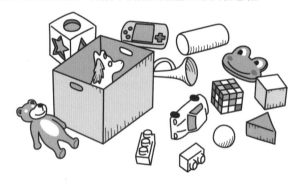

5.1　靜態函式的誤用

誤用靜態函式可能會導致低內聚，這裡舉個例子。

✕　程式5.1　宣告為靜態函式的 OrderManager.add()

```
// 管理訂單的類別
class OrderManager {
  static int add(int moneyAmount1, int moneyAmount2) {
    return moneyAmount1 + moneyAmount2;
  }
}
```

OrderManager 是管理訂單的類別，其中定義了一個用來加總金額的靜態函式，add()。靜態函式可以不創建類別物件就直接呼叫，如程式 5.2。

✖ 程式 5.2 靜態函式和資料類別常常一起登場

```
// moneyData1, moneyData2 是資料類別
moneyData1.amount = OrderManager.add(moneyData1.amount, moneyData2.↵
amount);
```

這樣的靜態函式通常會和 moneyData1、moneyData2 之類的資料類別一起使用。

那麼，這有什麼問題呢？這種結構由 MoneyData 保存資料、由 OrderManager 處理資料，保存和處理分別定義在不同的類別，就是種低內聚的結構，會引來在 1.3.1 節提過的惡魔。

5.1.1　靜態函式不能使用成員變數

靜態函式是不能使用成員變數的。在定義靜態函式的當下，儲存資料和操作資料的部分就分離了，這種做法無可避免地會導致低內聚。

相對地，第 3 章的 Money 類別，則是把操作成員變數 amount 的功能都集中在一起，達到高內聚的效果。要在各種惡魔的攻擊中保衛自己的話，把資料的儲存與操作集中在同一個類別裡，提高內聚性，是物件導向設計的基本原則。

5.1.2　改為使用成員變數的結構

我們先來看靜態函式的參數。在 OrderManager.add() 函式中，金額是透過 moneyAmount1 和 moneyAmount2 這兩個參數傳入再進行計算。

　　一開始就有提過，內聚性是指「類別內資料和功能之間的關係強度」。將成員變數和使用該成員變數的功能關在同一類別內的結構，就算是高內聚。

　　為了提高內聚性，把程式碼改成用成員變數計算的結構吧。這種結構如同第 3 章的 Money 類別，把金額設為成員變數 amount，再加上 add() 函式讓 amount 可以用來做加法運算。

5.1.3　注意偽裝成實例函式的靜態函式

　　實例函式（instance method）其實經常出現與靜態函式相同的問題，只是沒有加上 static 這個修飾詞而已。請看程式 5.3。

✖ 程式 5.3 偽裝成實例函式的 add()

```
class PaymentManager {
  private int discountRate;  // 折扣比例

  // 省略
  int add(int moneyAmount1, int moneyAmount2) {
    return moneyAmount1 + moneyAmount2;
  }
}
```

　　雖說 PaymentManager 類別的 add() 是實例函式，但完全沒有使用到成員變數 discountRate，只有用參數接收到的值做計算，就和 OrderManager 的靜態函式 add() 一樣。事實上，就算在 PaymentManager.add() 的定義前面加上 static，也還是可以正常運作。

　　像這樣偽裝成實例函式的靜態函式也會引發低內聚的問題，所以也要用相同的方式處理。

　　讀者可能會覺得很難分辨,到底哪個才是真正的靜態函式?其實有很簡單的區辨方法,就是對可疑的函式加上 `static`。如果函式用了成員變數,IDE 就會在編譯前警示「使用了成員變數」,或是發生編譯錯誤。反之,如果沒有顯示錯誤,而且成功編譯,那麼這個函式在本質上就是個靜態函式。

5.1.4　為什麼會使用靜態函式?

　　一般認為,使用靜態函式的原因是受到 C 語言等程序式語言的思考方式影響。在程序式程式語言中,資料儲存和運算程序本來就應該分開設計。如果用這個邏輯來使用物件導向語言的話,資料變數和運算函式就會被分成不同的類別。[註1]而為了讓運算函式可以在沒有創建實例的情況下使用,就會設計成靜態函式。

　　因為靜態函式不需要事先創建類別的物件,相當易於使用,但也很容易引起低內聚的問題,不應該被濫用。

5.1.5　什麼時候該使用靜態函式?

　　靜態函式也有正確的使用方法:如果對內聚度沒有影響的話,就可以用靜態函式。簡單來說,與內聚無關的東西,例如輸出紀錄檔的函式、格式轉換的函式等等,都可以設計成靜態函式。

　　把靜態函式當成工廠函式(5.2.1 節)來使用,也是一種做法。

註1　到了今日,C 語言對於嵌入式系統依然有非常重要的地位,因此在嵌入式系統中使用 C++ 等物件導向語言時,還是會有使用靜態函式的傾向。

5.2　初始化函式的分散

即使設計了一個良好的類別，也可能因為初始化函式分散在各處，導致內聚性低落。

某些電子商務網站會在註冊新會員時贈送消費點數。下方的程式碼將這類的贈點設計為值物件。

程式 5.4　表示贈點的類別

```java
class GiftPoint {
  private static final int MIN_POINT = 0;
  final int value;

  GiftPoint(final int point) {
    if (point < MIN_POINT) {
      throw new IllegalArgumentException("點數小於0。");
    }

    value = point;
  }

  /**
   * 增加點數。
   *
   * @param other 要增加的點數
   * @return 增加後的剩餘點數
   */
  GiftPoint add(final GiftPoint other) {
    return new GiftPoint(value + other.value);
  }

  /**
   * @return 如果剩餘點數大於要使用的點數，回傳 true
   */
  boolean isEnough(final ConsumptionPoint point) {
    return point.value <= value;
  }
}
```

```
/**
 * 使用點數。
 *
 * @param point 要使用的點數
 * @return 使用後的剩餘點數
 */
GiftPoint consume(final ConsumptionPoint point) {
  if (!isEnough(point)) {
    throw new IllegalArgumentException("點數不足。");
  }

  return new GiftPoint(value - point.value);
}
}
```

圖5.2 乍看之下內聚度很高的 GiftPoint 類別

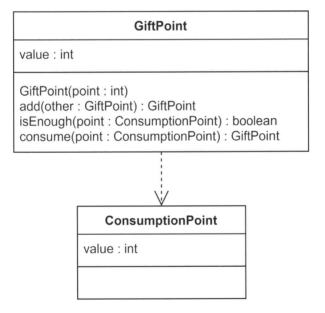

這個 GiftPoint 類別定義了累積和使用點數的函式，與贈點相關的功能看起來整合得相當緊密。

不過，這話還說得太早。請看一下程式 5.5。這是一段「贈送 3000 點點數給新註冊的一般會員」的程式碼。

✖ 程式 5.5 一般會員註冊贈點

```
GiftPoint standardMemberShipPoint = new GiftPoint(3000);
```

而其他地方則是有程式 5.6 這樣的程式碼，這是「新會員以高級會員身份加入時，贈送 10,000 點積分」的實作。

✖ 程式 5.6 高級會員註冊贈點

```
GiftPoint premiumMemberShipPoint = new GiftPoint(10000);
```

如果公開建構函式的話，往往會被用於各式各樣的用途，結果導致相關功能分散，維護變得困難。例如想要將所有新會員贈點提高 2000 點的話，就得檢查所有的程式碼。

5.2.1 使用 private 建構函式＋工廠函式實作不同的初始化

為了防止這種初始化功能四散各處的情況發生，可以將建構函式設為 private，並依照不同目的來設置**工廠函式**。

〇 程式 5.7 加入工廠函式的 Giftpoint 類別

```
class GiftPoint {
  private static final int MIN_POINT = 0;
  private static final int STANDARD_MEMBERSHIP_POINT = 3000;
  private static final int PREMIUM_MEMBERSHIP_POINT = 10000;
  final int value;

  // 無法從外部創建物件
  // 只能從類別內部創建
  private GiftPoint(final int point) {
    if (point < MIN_POINT) {
      throw new IllegalArgumentException("點數小於0。");
    }

    value = point;
```

```
  }

  /**
   * @return 一般會員註冊贈點
   */
  static GiftPoint forStandardMembership() {
    return new GiftPoint(STANDARD_MEMBERSHIP_POINT);
  }

  /**
   * @return 高級會員註冊贈點
   */
  static GiftPoint forPremiumMembership() {
    return new GiftPoint(PREMIUM_MEMBERSHIP_POINT);
  }
  // 省略
}
```

圖5.3 初始化功能也集中在 GiftPoint 類別

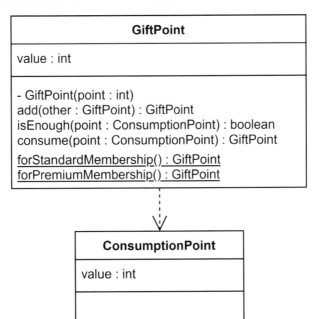

將建構函式設為 `private`，物件就只能在類別內部創建；外部須由靜態的工廠函式呼叫建構函式來創建物件。工廠函式則可以根據不同用途來設置。

我們做了兩個工廠函式，`forStandardMembership()` 生成一般會員新註冊的贈點，`forPremiumMembership()` 生成高級會員的贈點，各個函式中設置相應的贈點數量。

這樣一來，與新註冊贈點相關的功能就會集中在 `GiftPoint` 類別中。如果贈點相關的規格需要修改，就只需改動 `GiftPoint` 類別，可以減少在其他類別中搜尋相關程式碼的麻煩。

一般會員和高級會員新註冊的程式碼，就能改為呼叫各自的工廠函式。

◉ 程式5.8 一般會員註冊贈點

```
GiftPoint standardMemberShipPoint = GiftPoint.forStandardMembership();
```

◉ 程式5.9 高級會員註冊贈點

```
GiftPoint premiumMemberShipPoint = GiftPoint.forPremiumMembership();
```

5.2.2　如果創建函式過長，可使用工廠類別

有時用來創建物件的功能太多，會讓類別本來的功能變得很沒有存在感，類別的用途變得不夠清楚。

如果創建物件的程式碼變得過於冗長，就可以考慮將其分離為一個專門的工廠類別。

5.3 通用工具類別（Common、Util）

　　靜態函式還有另一種常見的形式。同樣一段程式碼用到很多次的時候，為了重複使用，就常常會寫成靜態函式，放在某個類別中，這樣的類別通常會命名為 Common 或 Util 之類的名稱。這種情況會產生的問題和靜態函式相同，都是低內聚的結構，但還有可能會引來更加令人困擾的惡魔。

　　比如消費稅計算就是一個例子。在涉及金錢交易的服務中經常需要處理金額，而處理金額又通常需要計算消費稅。在每個需要的地方都寫一個消費稅的計算函式是很無謂的，為了避免這種情況，很多人就會在通用工具類別中以靜態函式的形式實作消費稅計算。

✖ 程式5.10 Common 類別

```
// 通用工具類別
class Common {
  // 省略

  // 計算含稅金額
  static BigDecimal calcAmountIncludingTax(BigDecimal ↩
amountExcludingTax, BigDecimal taxRate) {
    return amountExcludingTax.multiply(taxRate);
  }
```

　　calcAmountIncludingTax() 是一個靜態函式。這樣的通用工具確實可以減少程式碼的重複量，然而這依然是一個靜態函式，所以仍然會帶來低內聚的問題。

　　需要注意的是，靜態函式不僅僅會造成低內聚，還會導致全域變數更容易出現（參考 9.5 節）等等各方面的不良影響。

5.3.1　各種功能容易雜亂放置

請看程式 5.11。

✖ 程式 5.11 彼此不相關的通用工具被雜亂地放在一起

```java
// 通用工具類別
class Common {
  // 省略

  // 計算含稅金額
  static BigDecimal calcAmountIncludingTax(BigDecimal ↵
amountExcludingTax, BigDecimal taxRate) { ... }

  // 使用者已退會的話，回傳 true
  static boolean hasResigned(User user) { ... }

  // 訂購商品
  static void createOrder(Product product) { ... }

  // 如果是有效電話號碼的話，回傳 true
  static boolean IsValidPhoneNumber(String phoneNumber) { ... }
```

除了計算消費稅之外，還有檢查是否已退會的函式、訂購商品的函式等等不相關的功能，都雜亂地實作在 Common 類別中。而且這些都是靜態函式，造成了低內聚的結構。這樣的做法在實際產品的程式碼中其實很常見。

為什麼會發生這樣的情況呢？其中一個原因是 Common 或 Util 名稱的「通用感」，給人一種「通用的功能就放在 Common 類別裡就好」的感覺。

根本的原因則是在於對通用和重複使用的理解不足。只要有高內聚的設計，就可以有效重複利用程式碼，不需要像這樣依賴靜態函式。

請參考程式碼 3.18 的 Money 類別，在任何地方呼叫 add() 函式都可以進行金額的加法操作，這樣就達成重複利用的效果了。

5.3.2　回歸物件導向設計的基本原則

我們應該避免輕率地建立通用工具類別，回歸物件導向設計的基本原則。以 Common.calcAmountIncludingTax() 函式為例來改善吧。

程式5.12 含稅金額類別

```
class AmountIncludingTax {
  final BigDecimal value;

  AmountIncludingTax(final AmountExcludingTax amountExcludingTax, ↩
final TaxRate taxRate) {
    value = amountExcludingTax.value.multiply(taxRate.value);
  }
}
```

5.3.3　橫向相連的區塊

像是輸出紀錄檔或是錯誤檢測這種功能，不管在應用程式的哪個環節都是必要的。在電子商務網站中，下訂單、預訂、出貨等任何操作都需要搭配這些基礎功能。

這種橫跨多種使用情境的項目，稱為**橫向相連的區塊**。以下是一些代表性的例子。

- 輸出紀錄檔
- 錯誤檢測
- debug
- 例外處理
- 快取
- 同步處理
- 非同步處理

　　如果是橫向相連的區塊，那就可以設計為一個通用工具組合在一起。如程式 5.13 所示，用來輸出紀錄檔的 `Logger.report()` 並沒有實例化的用途，設為靜態函式也沒有問題。

⊙ 程式5.13 橫向相連的區塊可以寫為靜態函式

```
try {
  shoppingCart.add(product);
}
catch (IllegalArgumentException e) {
  // report 是輸出紀錄檔的靜態函式
  Logger.report("發生問題，無法新增商品至購物車。");
}
```

5.4 使用引數回傳結果

　　就像通用工具類別一樣，錯誤使用引數也很容易引來低內聚的問題。「引數輸出」就是其中之一，請看程式 5.14。

✕ 程式5.14 引數被修改了

```
class ActorManager {
  // 移動遊戲角色的位置。
  void shift(Location location, int shiftX, int shiftY) {
    location.x += shiftX;
    location.y += shiftY;
  }
}
```

　　`shift()` 是用來移動遊戲角色位置的函式，但是這裡用引數 `location` 來傳輸和變更想要移動的物件。這種被用來輸出結果的引數稱為**輸出引數**。使用輸出引數會降低內聚性，因為資料的操作對象是 `Location` 類別、實際操作的程式碼卻定義在 `ActorManager`，兩者分別

定義在不同的類別裡面。低內聚的結構往往會產生重複程式碼，常會無意中在不同的類別實作一模一樣的函式，如程式 5.15 所示。

✗ 程式5.15 在其他的類別中也有一模一樣的函式

```
class SpecialAttackManager {
  void shift(Location location, int shiftX, int shiftY) {
```

輸出引數還不只會引起低內聚。猜猜執行程式 5.16 會發生什麼事？

✗ 程式5.16 會發生什麼事呢？

```
discountManager.set(money);
```

來看看 set() 函式的構造吧。

✗ 程式5.17 從外部看不出引數被變更了

```
class DiscountManager {
  // 使用折扣
  void set(MoneyData money) {
    money.amount -= 2000;
    if (money.amount < 0) {
      money.amount = 0;
    }
  }
}
```

沒想到 money 作為引數傳入後，金額值居然發生了變化。傳入的引數通常只作為輸入值，如果經常像這樣用引數來輸出，就必須實際確認每個函式的程式碼，仔細檢查每個引數到底是輸入還是輸出，可讀性非常差。

不要用引數來輸出，改為根據物件導向設計的基本原則，將資料和相關的操作整合在同一個類別吧。移動位置的 shift() 函式就應該定義在表示位置的 Location 類別中。

程式 5.18 改進為不修改引數的結構

```
class Location {
  final int x;
  final int y;

  Location(final int x, final int y) {
    this.x = x;
    this.y = y;
  }

  Location shift(final int shiftX, final int shiftY) {
    final int nextX = x + shiftX;
    final int nextY = y + shiftY;
    return new Location(nextX, nextY);
  }
}
```

Column

C 的 out 關鍵字

　　C 語言中可以用 out 和 ref 設置引數形式，在此介紹 out 引數。如果像程式 5.19 這樣加上 out 的話，引數 value 就會變成傳參考，可以在函式內修改原本的變數。

程式 5.19 C 的輸出引數

```
static void Set(out int value) {
  value = 10;
}

int value;
Set(out value);
Console.WriteLine(value);   // 在畫面中輸出10
```

　　筆者經常看到像程式碼 5.20 那樣，使用 out 一次修改並傳回好幾個值的做法。RecoverCompletely() 是一個在遊戲中回復生命值和魔力值到上限的函式。

✕ 程式 5.20 用輸出引數修改變數

```
static void RecoverCompletely(out int hitPoint, out int magicPoint)
{
  hitPoint = MAX_HIT_POINT;
  magicPoint = MAX_MAGIC_POINT;
}

int hitPoint;
int magicPoint;
RecoverCompletely(out hitPoint, out magicPoint);
member.HitPoint = hitPoint;
member.MagicPoint = magicPoint;
```

　　雖然加上 out 提高了函式的可讀性，但前面也提過，輸出引數還容易導致低內聚的結構。我們還是基於物件導向設計的基本原則來重新設計類別吧。

◯ 程式 5.21 把生命值設計為值物件

```
/// <summary>生命值</summary>
class HitPoint {
  private const int MIN = 0;
  // readonly 相當於 Java 的 final
  readonly int _value;
  private readonly MaxHitPoint _maxHitPoint;

  /// <summary>
  /// <param name="value">目前生命值</param>
  /// <param name="maxHitPoint">生命值上限</param>
  /// </summary>
```

```
HitPoint(int value, MaxHitPoint maxHitPoint) {
  if (value < MIN) {
    throw new ArgumentOutOfRangeException("請指定 0 以上的值");
  }
  _value = value;
  _maxHitPoint = maxHitPoint;
}


/// <summary>
/// 回復到生命值上限
/// <returns>生命值</returns>
/// </summary>
HitPoint RecoverCompletely() {
  return new HitPoint(_maxHitPoint._value, _maxHitPoint);
}
}
```

　　out 引數最好只用在非常泛用的情境，例如以下的 TryParse() 這種
型別轉換。如果會導致內聚性的問題的話，建議就不要使用。

程式5.22 輸出引數應僅限於在沒有內聚性問題的情況下使用

```
int valueString = "123";
int value;
// TryParse() 會嘗試將變數轉換為 int 型別
bool success = int.TryParse(valueString, out value);
if (success) {
  total += value;
}
```

5.5　過多的引數

引數過多的函式是一種不良的低內聚結構。

以遊戲的魔力為例說明。許多遊戲中,會有魔力(Magic Point,MP)的設定。假設魔力有以下規範:

● 使用魔法時會減少魔力。

● 藉由回復道具等方式,可以回復魔力。

● 魔力值有上限。

● 魔力最多只能回復到上限。

● 某些裝備品有提升魔力上限的效果。

如果沒有仔細考量設計的話,常常會寫得像程式 5.23 一樣。

✕ 程式 5.23 引數過多的函式

```
/**
 * 回復魔力
 * @param currentMagicPoint 現在剩餘的魔力值
 * @param originalMaxMagicPoint 原有的魔力上限
 * @param maxMagicPointIncrements 提升的魔力上限
 * @return 回復後的魔力值
 */
int recoverMagicPoint(int currentMagicPoint, int originalMaxMagicPoint, ↵
List<Integer> maxMagicPointIncrements, int recoveryAmount) {
  int currentMaxMagicPoint = originalMaxMagicPoint;
  for (int each : maxMagicPointIncrements) {
    currentMaxMagicPoint += each;
  }

  return Math.min(currentMagicPoint + recoveryAmount, ↵
currentMaxMagicPoint);
}
```

在 recoverMagicPoint() 中，會計算裝備品提升魔力上限後的結果（currentMaxMagicPoint），然後再檢查魔力回復後不會超過這個值。

雖然這個函式可以運作，但這種結構並不理想。

魔力值、魔力上限、提升的魔力上限以及回復量都是以分離的方式傳遞，這種方式容易因粗心大意而將不正確的值傳入。雖然在這個例子只有 4 個引數，但在實際應用中，常常會處理更大量的資料。「因為疏忽而把其他成員的魔力值代入」這樣的錯誤是很可能發生的。

此外，這個函式除了回復魔力之外，還計算了魔力上限提升後的結果，但這項計算在回復以外的很多情況應該都會用到。這種流水帳式的設計會導致重複的程式碼分散在不同地方。

這種問題為何會發生呢？傳引數給函式就代表我們想要使用這些引數來執行某些操作。引數的數量增加，意味著要操作的內容變得更加複雜，重複的程式碼就可能隨之增加，成為大量惡魔棲息的巢穴。

5.5.1　執著於基本資料型別

boolean、int、float、double、String 等等程式語言提供的資料型別，稱為基本資料型別（primitive type）。像程式 5.23 的 recoverMagicPoint() 一樣，程式 5.24 discountedPrice() 的引數和回傳值都是基本資料型別。這樣使用基本資料型別的程式碼，就犯了**執著於基本資料型別**的問題。

✖ 程式 5.24 執著於基本資料型別的例子

```
class Common {
  /**
   * @param regularPrice 定價
   * @param discountRate 折扣比例
   * @return 折扣價格
```

```
  */
int discountedPrice(int regularPrice, float discountRate) {
  if (regularPrice < 0) {
    throw new IllegalArgumentException();
  }
  if (discountRate < 0.0f) {
    throw new IllegalArgumentException();
  }
```

對於初學者或長期以來都使用基本資料型別的開發者來說，可能會缺乏設計類別的經驗，也就更容易陷入這樣的執著。

有些人可能會認為「沒有啊，我也沒有在執著什麼。這不就是一種普通的實作風格嗎？」「創建很多類別才不太正常吧？」但這是一種誤解。請看程式 5.25。

✕　程式5.25　執著於基本資料型別容易導致程式碼重複

```
class Util {
  /**
   * @param regularPrice 定價
   * @return 如果是合理的價格，回傳 true。
   */
  boolean isFairPrice(int regularPrice) {
    if (regularPrice < 0) {
      throw new IllegalArgumentException();
    }
    // 省略
```

`isFairPrice()` 是檢查價格是否合理的函式。然而，`discounted Price()` 就已經實作了檢查 `regularPrice` 的功能。如果僅使用基本資料型別，沒有類別的整理，可能就會到處都是重複的程式碼。

如果要寫出「會動的程式碼」，那麼幾乎只用基本資料型別也無妨。但是，這種做法無法妥善凝聚彼此相關的資料和功能，可能容易埋藏 bug 或降低可讀性。

　　程式之中的資料，很少就只是單純的資料。資料會用於計算，或是用於判斷並控制流程。只用基本型別實作時，資料的存放位置和控制功能會四散各處，降低內聚性。

　　基於第 3 章介紹的物件導向設計，首先應該要仔細地針對每個概念設計類別，重新思考編寫程式的方式和思維。如程式 5.26 所示，將折扣價格、定價和折扣比例分別轉化為類別，檢驗定價的函式就會封裝在 RegularPrice 類別中。

⬤ **程式 5.26** 將「定價」設計為具體的型別。

```
/** 定價 */
class RegularPrice {
  final int amount;

  /**
   * @param amount 金額
   */
  RegularPrice(final int amount) {
    if (amount < 0) {
      throw new IllegalArgumentException();
    }
    this.amount = amount;
    // 省略
```

　　然後，把定價類別和折扣比例類別的物件傳入折扣價格類別的建構函式 DiscountedPrice()。與程式 5.24 中的 Common. discountedPrice() 不同，這裡的引數不再是基本資料型別。

⬤ **程式 5.27** 引數設為自訂的類別，而非基本資料型別

```
/** 折扣價格 */
class DiscountedPrice {
  final int amount;

  /**
   * @param regularPrice 定價
```

```
  * @param discountRate 折扣比例
  */
 DiscountedPrice(final RegularPrice regularPrice, final DiscountRate ↩
discountRate) {
   // 使用 regularPrice 和 discountRate 做運算
```

有了這樣的設計，相關的功能就會聚集在類別裡。

5.5.2　以特定概念為單位製作類別

現在回到魔力值的例子。想要解決引數過多的問題，關鍵就在於創建類別來表示特定的概念。在這個例子裡，魔力值是最核心的概念，應該先準備一個表示魔力的類別：MagicPoint，然後將魔力相關的值設為成員變數。

程式 5.28　改用成員變數來表示各數值

```
/** 魔力 */
class MagicPoint {
  // 現在的魔力值
  int currentAmount;
  // 原有的魔力上限
  int originalMaxAmount;
  // 提升的魔力上限
  List<Integer> maxIncrements;
}
```

不過，如果類別裡只有這些成員變數，那就成為 1.3　節提到的「資料類別」了。因此，計算魔力上限和回復魔力的函式都放在 MagicPoint 類別中（見程式 5.29）。為了不讓其他類別執行多餘的操作，成員變數也都設為 private。另外還定義了魔力消耗等其他函式。

程式 5.29 封裝魔力相關的功能

```
/** 魔力 */
class MagicPoint {
  private int currentAmount;
  private int originalMaxAmount;
  private final List<Integer> maxIncrements;

  // 省略

  /** @return 現在的魔力值 */
  int current() {
    return currentAmount;
  }

  /** @return 魔力的上限 */
  int max() {
    int amount = originalMaxAmount;
    for (int each : maxIncrements) {
      amount += each;
    }
    return amount;
  }

  /**
   * 回復魔力
   * @param recoveryAmount 回復量
   */
  void recover(final int recoveryAmount) {
    currentAmount = Math.min(currentAmount + recoveryAmount, max());
  }

  /**
   * 消耗魔力
   * @param consumeAmount 消耗量
   */
  void consume(final int consumeAmount) { ... }
```

圖5.4 將相關功能內聚到 MagicPoint，解決引數過多的問題

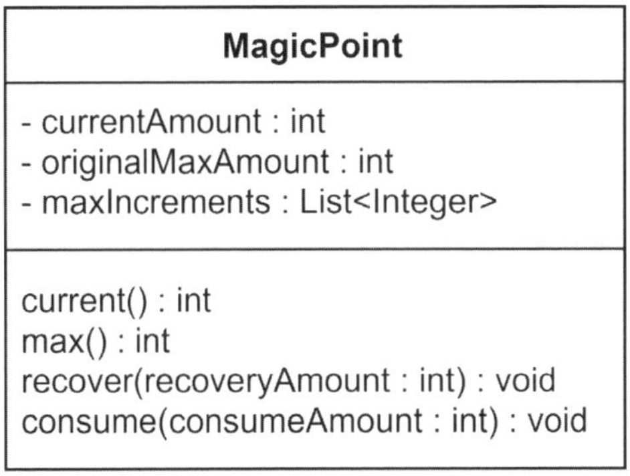

MagicPoint
- currentAmount : int - originalMaxAmount : int - maxIncrements : List<Integer>
current() : int max() : int recover(recoveryAmount : int) : void consume(consumeAmount : int) : void

　　關於魔力的功能已經成功集中在這個類別了。當引數過多時，可以嘗試更改設計，將這些引數改為成員變數來處理。

5.6 　成員變數串

　　程式 5.30 是一個在遊戲中更改成員裝備的函式。

✕ 程式5.30 念珠似的「成員變數串」

```
/**
* 裝上鎧甲
* @param memberId 要更換裝備的成員的 ID
* @param newArmor 要裝上的鎧甲
*/
void equipArmor(int memberId, Armor newArmor) {
  if(party.members[memberId].equipments.canChange) {
    party.members[memberId].equipments.armor = newArmor;
  }
}
```

　　這段程式碼從 Party 類別裡提出 List 型別的 members，找到要更改裝備的成員，然後用 equipments 找到裝備列表，再用 canChange 判斷是否可以更改裝備，最後代入 armor 進行裝備更改。

像這樣用點串連，一層一層到結構深處存取成員變數的做法，就稱為**成員變數串**。這寫法可能會導致低內聚，是一種不太好的編寫風格。

這段程式碼的功能是對 armor 賦值，而同樣的賦值程式碼也可以寫在任何地方。不僅如此，members、equipments 也一樣，都是能夠從任何地方存取的變數。

如果到處都有存取 members、equipments、canChange、armor 的程式碼，一旦這些成員變數有任何變動，就必須全部檢查並修改。同樣地，如果發現 bug，也需要調查所有地方才能找出 bug 的位置。

這種構造會無謂地擴大問題的影響範圍，類似於全域變數（參見 9.5 節）。而且這會讓很多元素可以被自由存取，比單一的全域變數更為糟糕。

有一條稱為「**德墨忒爾法則**」（Law of Demeter）的程式設計規範，又稱為「最少知識原則」，說的是「使用物件時，不應知道物件的內部詳情」，也可以想成是「不要和不認識的人講話」。成員變數串會存取物件內部的成員，也就違反了德墨忒爾法則。

5.6.1 「只下令、不詢問」原則

軟體設計中有一句著名的箴言：「只下令、不詢問（Tell, Don't Ask）」。這句話的意思是，呼叫端不應該詢問物件的內部狀態（也就是變數），也不應根據內部狀態進行判斷，而是應該藉由呼叫函式直接下達指令，由接收指令的一方來做出適當的判斷和控制。

這種設計方式的特點是將成員變數設為 private，禁止從外部存取。對成員變數的控制都要透過函式來下達指令，接收指令的一方負責進行詳細的判斷和控制。具體來說，就像在程式 5.31 展示的那樣，成員變數都設為 private。

5.6　成員變數串

Equipments 類別代表目前裝備的防具清單，裡面應該定義一些
關於穿脫防具的「實際執行方式」的函式。例如，可以更換裝備的
equipArmor()、可以解除所有裝備的 deactivateAll()。

⬤ 程式 5.31 把功能細節實作在被呼叫的一方，而非呼叫方

```
/** 裝備中的防具一 */
class Equipments {
  private boolean canChange;
  private Equipment head;
  private Equipment armor;
  private Equipment arm;

  /**
   * 裝備鎧甲
   *
   * @param newArmor 要裝備的鎧甲
   */
  void equipArmor(final Equipment newArmor) {
    if (canChange) {
      armor = newArmor;
    }
  }

  /**
   * 解除所有裝備
   */
  void deactivateAll() {
    head = Equipment.EMPTY;
    armor = Equipment.EMPTY;
    arm = Equipment.EMPTY;
  }
```

圖5.5 基於「只下令、不詢問」的原則，封裝詳細的處理流程

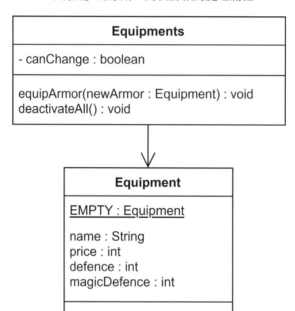

這樣一來，有關防具穿脫的功能就會集中在 Equipments。要是裝備防具的規格發生變化，只需要處理 Equipments 就好，不需要在程式碼的各處苦苦搜尋。

第 **6** 章

條件判斷

―解開迷宮般的流程控制―

　　本章將介紹潛藏在 if 和 switch 這些條件判斷周圍的惡魔，以及對抗它們的方法。

　　條件判斷是程式碼的基本控制手段，可以根據特定條件切換流程，讓程式碼根據當下情境做出正確而迅速的判斷，非常的便利。

　　然而，若判斷條件的方式不當，這反而可能會變成開發者的惡夢。當條件過於複雜時，程式碼會變得難以理解，進而延長除錯和修改程式碼所需的時間。如果沒有正確理解條件和流程就進行修改，還可能會滋生 bug。

圖6.1 太過複雜的條件判斷會嚴重影響程式碼的發展

　　來看看條件判斷裡面潛藏著什麼樣的惡魔吧。

6.1　巢狀條件判斷造成可讀性降低

這邊以回合制遊戲裡發動魔法的行動為例，來解釋巢狀的條件判斷（俄羅斯娃娃結構）。遊戲的玩家會指示每個隊伍成員行動，接著根據每個角色的速度等數值來決定行動的順序。輪到某個隊伍成員行動時，就會執行被指示的動作。

受限於這樣的機制，即使成員收到使用魔法的指示，也不能保證一定能夠發動魔法。在輪到成員行動之前，可能會受到敵人的攻擊而無法再戰鬥，也可能因為被施加睡眠或麻痺等負面狀態而無法移動，或是魔力被敵人吸取，導致魔力不足而無法發動魔法。因此，實際發動魔法需要滿足各種條件。

程式 6.1 是判斷魔法發動條件的一種實作方式。

程式6.1　巢狀的 if 結構

```
// 判斷成員是否存活
if (0 < member.hitPoint) {
  // 判斷成員是否可以行動
  if (member.canAct()) {
    // 判斷成員是否還有剩餘的魔力
    if (magic.costMagicPoint <= member.magicPoint) {
      member.consumeMagicPoint(magic.costMagicPoint);
      member.chant(magic);
    }
  }
}
```

- 成員還活著
- 成員還可以行動
- 成員還有剩餘的魔力

　　這樣的結構就能判斷發動魔法的條件是否都滿足。為了做這些條件判斷，if 裡面有 if，再裡面還有一個 if，這就是 if 的俄羅斯娃娃結構。這樣的結構就稱為**巢狀結構**，如果裡面有非常多層 if，也會形容為「很深」的巢狀結構。

　　巢狀結構會造成什麼問題？最直接的影響是程式碼的可讀性會變差，會非常難確認 if 的確切範圍（{} 大括號的範圍）。範例裡發動魔法的程式碼已經算是比較好理解的，更糟糕的狀況可能會寫得像程式 6.2 那樣。

✖ 程式6.2 巨大的巢狀結構

```
if (條件) {
  //
  // 數十到數百行的程式碼
  //
  if (條件) {
    //
    // 數十到數百行的程式碼
    //
    if (條件) {
      //
      // 數十到數百行的程式碼
      //
      if (條件) {
        //
        // 數十到數百行的程式碼
        //
      }
    }
    //
    // 數十到數百行的程式碼
    //
  }
  //
  // 數十到數百行的程式碼
  //
}
```

巢狀結構裡塞了數十、數百行的程式碼時，尋找 if 的結束大括號（}）就會是很痛苦的工作。如果滿足某個條件會執行什麼？如果不滿足條件會怎樣？需要浪費大量的時間才能理解。而且還不只是一、兩次，每個閱讀這段程式碼的人都要浪費這些時間。程式碼的可讀性低落，會連帶讓整個團隊的開發生產力下降。

至於改變規格就更加困難了。這種又長又複雜的程式碼令人難以準確理解，在沒有充分理解的情況下修改就會導致 bug。若要確保正確操作，就必須非常仔細解讀，成為開發人員的極大負擔。

6.1.1　用提早 return 解開巢狀結構

擺脫這些巢狀惡魔的一種方法是提早 return。**提早 return** 是指「如果不滿足條件就立即用 return 退出」的手法，來試試把提早 return 應用在之前發動魔法的程式碼。第一個條件是檢查成員是否存活，這邊修改為「如果成員並非存活狀態，就用 return 退出」。

程式 6.3 用提早 return 解開巢狀結構

```
// 如果成員並非存活狀態，用 return 來結束流程。
// 將原先設定的條件反轉，就能改為提早 return。
if (member.hitPoint <= 0) return;

if (member.canAct()) {
  if (magic.costMagicPoint <= member.magicPoint) {
    member.consumeMagicPoint(magic.costMagicPoint);
    member.chant(magic);
  }
}
```

改成提早 return 的型式之前，要先將原先設定的條件反轉。也就是說要把「如果還存活」的條件改為「如果沒有存活」。

這樣就少了一層 if 了。提前 return 也適用於其他的條件。

程式 6.4 解開所有的巢狀結構

```
if (member.hitPoint <= 0) return;
if (!member.canAct()) return;
if (member.magicPoint < magic.costMagicPoint) return;

member.consumeMagicPoint(magic.costMagicPoint);
member.chant(magic);
```

比較程式 6.1 和程式 6.4，巢狀結構解開了，整個條件式變得更容易讀懂。

提早 return 還有另一個優點，就是分離條件判斷和執行流程。無法發動魔法的條件統一整理在開頭的提早 return，和發動魔法的程式碼彼此分離，更容易分別修改。

例如，假設新增了以下的規格。

● 成員有技能值（TP）參數

● 需要達到指定技能值才能發動魔法

因為不能發動魔法的條件在提早 return 統整處理，所以新增功能就變得很容易。

程式 6.5 可以很容易的新增條件

```
if (member.hitPoint <= 0) return;
if (!member.canAct()) return;
if (member.magicPoint < magic.costMagicPoint) return;
if (member.technicalPoint < magic.costTechnicalPoint) return;   // 新增

member.consumeMagicPoint(magic.costMagicPoint);
member.chant(magic);
```

更改執行流程的規格時也會遇到類似的好處。例如如果要新增「在發動魔法後增加特定數值的 TP」的規格，由於發動魔法的程式碼集中在後半部分，所以也能很輕易地添加新功能。

程式6.6 也可以很輕易地修改執行流程

```
if (member.hitPoint <= 0) return;
if (!member.canAct()) return;
if (member.magicPoint < magic.costMagicPoint) return;
if (member.technicalPoint < magic.costTechnicalPoint) return;

member.consumeMagicPoint(magic.costMagicPoint);
member.chant(magic);
member.gainTechnicalPoint(magic.incrementTechnicalPoint); // 新增
```

使用提早 return 在一開始就排除不必要條件，和程式 3.4 中介紹的防衛子句是相似的概念。想要像這樣快速理解程式碼，維持可讀性是非常重要的。

6.1.2 降低可讀性的 else 也用提早 return 解決

else 也是使程式碼可讀性降低的因素之一。

在許多遊戲中，當隊伍成員的生命值很低時，會有一些畫面效果[註1]提醒玩家。現在要設計一個會根據生命值百分比回傳生命狀態的物件（HealthCondition）來實現這樣的效果，各個狀態的規格如表 6.1 所示。

表6.1 生命值百分比

生命值百分比	生命狀態
0%	死亡
不到 30%	危險
不到 50%	注意
50% 以上	良好

註1 如畫面變紅、成員的表情變得很痛苦之類的表現方式。

　　如果要依照表格，根據生命值的百分比範圍來切換狀態的話，該怎麼實作比較好呢？

　　要是不仔細思考設計的話，很容易弄出像程式 6.7 一樣，過度使用 else 的結構。

❌ 程式 6.7 大量 else 造成可讀性不太好

```
float hitPointRate = member.hitPoint / member.maxHitPoint;

HealthCondition currentHealthCondition;
if (hitPointRate == 0) {
  currentHealthCondition = HealthCondition.dead;
}
else if (hitPointRate < 0.3) {
  currentHealthCondition = HealthCondition.danger;
}
else if (hitPointRate < 0.5) {
  currentHealthCondition = HealthCondition.caution;
}
else {
  currentHealthCondition = HealthCondition.fine;
}

return currentHealthCondition;
```

　　程式 6.7 還算是比較簡單的狀況，要是 if 裡面還加進其他 if、else，會讓可讀性變得更差。

　　這也和多層的 if 條件判斷一樣，可以用提早 return 來解決。每個 if 區塊內的流程都可以換成提早 return。

🔧 程式 6.8 用提早 return 來代替 else

```
float hitPointRate = member.hitPoint / member.maxHitPoint;

if (hitPointRate == 0) {
  return HealthCondition.dead;
}
```

```
else if (hitPointRate < 0.3) {
  return HealthCondition.danger;
}
else if (hitPointRate < 0.5) {
  return HealthCondition.caution;
}
else {
  return HealthCondition.fine;
}
```

　　既然 if 內部都是用 return 回傳，那也就用不到 else 了，可以進一步改良成程式 6.9 的結構。

程式6.9 全部的 else 都消失了，解決了可讀性很差的問題

```
float hitPointRate = member.hitPoint / member.maxHitPoint;
if (hitPointRate == 0) return HealthCondition.dead;
if (hitPointRate < 0.3) return HealthCondition.danger;
if (hitPointRate < 0.5) return HealthCondition.caution;
return HealthCondition.fine;
```

　　不僅可讀性提升，也如實呈現了表 6.1 的規格。

6.2　大量重覆的 switch

　　要依據不同類型切換處理流程時，通常會使用 switch。然而 switch 是一種很容易引來惡魔的的流程控制語法，如果不知道如何使用，可能會陷入魔鬼的詛咒而埋下 bug，或是降低程式碼的可讀性。

　　繼續以遊戲為例來解釋 switch 會帶來什麼弊病。先假設一個虛構的情況：「有家遊戲公司決定開發一款新的作品，有多個團隊一起開發戰鬥系統，其中一個團隊負責實作攻擊魔法」。

　　魔法的基本規格如表 6.2 所示。

表6.2 魔法的基本規格

項目	說明
名稱	魔法的名稱，用來顯示在遊戲畫面。
消耗魔力	使用魔法時消耗的魔力值。
攻擊力	魔法的攻擊力，不同魔法有不同的計算公式。

而在開發初期想到的魔法則如表 6.3 所示。

表6.3 魔法一覽

魔法	說明
烈焰	火焰魔法，攻擊力會隨使用者的等級提升。
紫電	雷電魔法，攻擊力會隨使用者的速度提升。

6.2.1 馬上就用 switch 開工

如果要實作很多效果不同的魔法，那程式碼會變成什麼樣子呢？[註2]

這種根據不同類型來決定結果的功能，應該經常會用 switch 來實作吧。於是這個團隊的負責人就用 switch 來切換魔法的種類，如下所示。

首先把魔法的種類定為 enum 的 MagicType。

程式6.10 定義魔法種類的 enum

```
enum MagicType {
    fire,    // 烈焰。火焰魔法。
    shiden   // 紫電。雷電魔法。
}
```

註2　很多遊戲裡會有數十種魔法，魔法的效果和消耗的魔力值也各有不同。

每個魔法都有以下的規格設定。

● 名稱

● 消耗魔力

● 攻擊力

　　首先實作 getName() 函式來讀取魔法的名稱。用 switch 加上 case 的語法，根據對應的 MagicType 物件來切換。

❌ 程式6.11 用 switch 切換魔法的顯示名稱

```java
class MagicManager {
  String getName(MagicType magicType) {
    String name = "";

    switch (magicType) {
      case fire:
        name = "烈焰";
        break;
      case shiden:
        name = "紫電";
        break;
    }

    return name;
  }
}
```

6.2.2　寫了好幾個條件相同的 switch

　　不只顯示名稱要根據魔法的種類切換，消耗魔力和攻擊力也都需要。這邊也實作了回傳消耗魔力的 costMagicPoint() 函式。與 getName() 類似，這也是用 switch 來切換魔法的消耗魔力。

程式6.12 用 switch 切換魔法的消耗魔力

```
int costMagicPoint(MagicType magicType, Member member) {
  int magicPoint = 0;

  switch (magicType) {
    case fire:
      magicPoint = 2;
      break;
    case shiden:
      magicPoint = 5 + (int)(member.level * 0.2);
      break;
  }

  return magicPoint;
}
```

讀取攻擊力的 attackPower() 也一樣，用 switch 來切換攻擊力的計算公式。

程式6.13 用 switch 切換魔法的攻擊力

```
int attackPower(MagicType magicType, Member member) {
  int attackPower = 0;

  switch (magicType) {
    case fire:
      attackPower = 20 + (int)(member.level * 0.5);
      break;
    case shiden:
      attackPower = 50 + (int)(member.agility * 1.5);
      break;
  }

  return attackPower;
}
```

寫到這裡，來回顧一下前面的程式碼吧。這個遊戲的魔法規格非常簡單，但是竟然出現了 3 個要根據 MagicType 決定結果的 switch。在多處

實作同樣的條件判斷是個不太妙的跡象，但這麼做究竟會引發什麼問題呢？

6.2.3　變更規格時遺漏修正（遺漏新增 case）

在繁忙的開發過程中，新增了一個名為「地獄之業火」的新魔法。負責人回想起之前使用 switch 處理每種魔法類別的方式，然後添加了對應新魔法「地獄之業火」的 case。

✕ 程式 6.14 在 getName() 新增 case

```
String getName(MagicType magicType) {
  String name = "";

  switch (magicType) {
    // 中略
    case hellFire:
      name = "地獄之業火";
      break;
  }

  return name;
}
```

✕ 程式 6.15 在 costMagicPoint() 新增 case

```
int costMagicPoint(MagicType magicType, Member member) {
  int magicPoint = 0;

  switch (magicType) {
    // 中略
    case hellFire:
      magicPoint = 16;
      break;
  }

  return magicPoint;
}
```

　　修改完成後稍微確認了一下，似乎符合需求規格，所以就直接發布了。但發布之後不久，卻收到大量玩家投訴「魔法『地獄之業火』的傷害量太低了」。調查之後發現，原來是忘了在計算攻擊力的 attackPower() 函式加上 case。

✖ 程式 6.16　遺漏新增 case

```
int attackPower(MagicType magicType, Member member) {
  int attackPower = 0;

  switch (magicType) {
    // 中略
    // 忘記新增 case hellFile:
  }

  return attackPower;
}
```

　　還不只這個問題。

　　與此同時，開發團隊還在不斷地增加新規格，其中一項新的規格是技能值。技能值是一種和魔力值類似的數值，就像使用魔法會消耗魔力值一樣，特定的行動也會消耗技能值。

　　在這次新增的規格中，決定設定成「使用魔法也會消耗技能值」。但技能值的實作是由另一個團隊來負責，而不是原來的魔法開發團隊。

　　技能值開發團隊的負責人發現，魔法的實作是用 switch 根據魔法種類的類別 MagicType 來切換魔法。於是也模仿實作了一個能回傳消耗技能值的 costTechnicalPoint() 函式，就如程式 6.17 所示。

✖ 程式 6.17　用 switch 切換消耗的技能值

```
int costTechnicalPoint(MagicType magicType, Member member) {
  int technicalPoint = 0;

  switch (magicType) {
```

```
  case fire:
    technicalPoint = 0;
    break;
  case shiden:
    technicalPoint = 5;
    break;
  }

  return technicalPoint;
}
```

負責人看了看覺得沒問題，就發布了。但後來卻收到玩家投訴：「有些魔法實際消耗的技能值和說明文字不一樣」。調查之後發現，原來魔法「地獄之業火」的技能值消耗沒有實作，因為技能值的負責人根本不知道有這個魔法。

6.2.4　重複的 switch 大量增生

在這個遊戲開發的例子中只有 3 種魔法，如果細心處理，或許可以避免漏掉 case。然而，一般的遊戲中可能會有數十種不同的魔法。如果用相同的方式來實作，就會需要為每種魔法加上相應的 case，而且所有用 MagicType 作為條件式的 switch 也都要逐一修改。

更嚴重的是，要切換的項目包括魔法的名稱、消耗魔力、攻擊力，以及新增的消耗技能值。為了方便解釋，這個範例故意壓低了項目的數量，實際的項目可能會更多，如魔法的說明文字、攻擊範圍、命中率、屬性、動畫等等，每個項目都要設計相應的函式，每個函式也都要使用類似的 switch。可以想像 switch-case 的數量會倍數暴增。

再次查看程式碼，switch 是根據什麼進行條件判斷的呢？是的，全部都是根據 MagicType 進行條件判斷。儘管每個函式的處理內容不同，但 switch 的條件判斷都一樣是 MagicType。換句話說，這可以視為 switch 的重複程式碼問題。

有數十個重覆的 switch 時，再怎麼仔細處理都不夠，人類的注意力是有極限的。每次增加新規格時，都很容易忘記添加 case，最後總是會導致 bug。

如果要變更規格的話，也必須從大量的 switch 中找到相關的部分，程式碼的可讀性非常差。

在 1.3.1，我們提到重複程式碼引來的惡魔，包括遺漏修正和開發生產力降低。現在就能看出，在 switch 的重複程式碼中，也可能會引入相同的惡魔。

這個問題不僅限於遊戲，生活中很多情況都需要根據對象類型來決定處理方式。例如，電影票的價格會依成人、兒童、老人而有所不同，手機的費率方案有很多種，數位相機的功能設置也會依拍攝模式而改變，像是對焦方式等等。

無論是哪種軟體，切換功能的方式都是開發者的困擾。那麼到底該怎麼解決呢？

6.2.5　把條件判斷統整在一處

要解決 switch 重複程式碼的問題，就必須掌握「**統一選項原則**」（Single Choice Principle）的概念。這個原則在《Object-Oriented Software Construction》書中的解釋如下[註3]：「當軟體系統必須提供一組選項時，應該只由唯一一個模組掌控所有的選項。」

簡單來說，就是不要出現重複的條件判斷式，應該全部集中到同一個地方處理。基於統一選項原則，我們將 `MagicType` 的 switch 整合到一個類別裡。

註3　《Object-Oriented Software Construction, 2nd》Bertrand Meyer 著、1997 年、P.63。

程式6.18 不重複製作 switch ，全部整合為一個。

```java
class Magic {
  final String name;
  final int costMagicPoint;
  final int attackPower;
  final int costTechnicalPoint;

  Magic(final MagicType magicType, final Member member) {
    switch (magicType) {
      case fire :
        name = "烈焰";
        costMagicPoint = 2;
        attackPower = 20 + (int)(member.level * 0.5);
        costTechnicalPoint = 0;
        break;
      case shiden:
        name = "紫電";
        costMagicPoint = 5 + (int)(member.level * 0.2);
        attackPower = 50 + (int)(member.agility * 1.5);
        costTechnicalPoint = 5;
        break;
      case hellFire:
        name = "地獄之業火";
        costMagicPoint = 16;
        attackPower = 200 + (int)(member.magicAttack * 0.5 + member.↵
vitality * 2);
        costTechnicalPoint = 20 + (int)(member.level * 0.4);
        break;
      default:
        throw new IllegalArgumentException();
    }
  }
}
```

　　在單一的 switch 中，切換了名稱、消耗魔力、攻擊力、消耗技能值等所有內容。switch 沒有四散各處，而是集中在一個類別裡，可以避免在變更規格時發生遺漏。

6.2.6　使用介面，更巧妙地解決重複 switch

　　switch 雖然已根據統一選項原則整合在一起，但如果需要切換的項目增加，程式 6.18 的內容還是會不斷膨脹。如果類別變得很龐大，資料的儲存和操作之間的關係會越來越難理解，這樣的程式碼會變得難以維護和修改。因此，最重要的是把巨大的類別依照相關的區塊分割成小類別。

　　解決這種問題時，介面（interface）就可以派上用場。

　　介面是某些物件導向程式語言（如 Java）特有的機制，可以簡易地切換功能，也很便於修改[註4]。**使用介面就可以實現相當於 switch 的流程控制，但又不需要寫出條件式**。拜此所賜，條件判斷的區塊可以大幅縮減，程式碼變得簡潔許多。

　　圖形有各種形狀，如矩形、圓形等等。程式 6.19 分別定義了矩形和圓形的 Rectangle、Circle 類別，每個類別都有一個 area() 函式，用於計算面積。

程式6.19　矩形類別和圓形類別

```
// 矩形
class Rectangle {
  private final double width;
  private final double height;
  // 中略
  double area() {
    return width * height;
  }
}

// 圓形
class Circle {
  private final double radius;
  // 中略
```

註4　除了 Java 外，其他程式語言也有介面功能，如 Kotlin、C#。在 Scala 中則有 trait 語法。

```
  double area() {
    return radius * radius * Math.PI;
  }
}
```

　　在這種實作中，計算面積的方式是分別呼叫 Rectangle 和 Circle 的 area() 函式。

程式 6.20 看起來都是「area 函式」

```
rectangle.area();
circle.area();
```

　　計算面積的函式 area() 是同名的，乍看之下似乎可以用一樣的方式呼叫。但實際上，Rectangle 和 Circle 是不同的類別，也就是說創建出來的物件屬於不同型別。因此，無法像程式 6.21 那樣將 Circle 型別的物件代入 Rectangle 型別的變數，更不用說呼叫 Circle.area() 了。

程式 6.21 area() 的名稱雖然相同，但實際上是不同函式

```
// 無法賦值不同型別的物件，會導致編譯錯誤。
// 即使函式名稱相同，也無法使用。
Rectangle rectangle = new Circle(8);
rectangle.area();
```

　　即使想要創建一個顯示面積的共用函式，也必須先使用 instanceof 判斷型別，再強制轉換型別，就像程式 6.22。

✕ 程式 6.22 必須使用 instanceof 判斷型別

```
void showArea(Object shape) {
  if (shape instanceof Rectangle) {
    System.out.println(((Rectangle) shape).area());
  }
```

```
  if (shape instanceof Circle) {
    System.out.println(((Circle) shape).area());
  }
}

...

Rectangle rectangle = new Rectangle(8, 12);
showArea(rectangle);   // 顯示矩形的面積。
```

　　介面就能夠解決這樣的問題，將不同的型別視為相同的型別使用。

　　這邊要在程式上將矩形和圓形一樣視為圖形，定義一個名為 Shape 的介面，裡面包含想要共用的函式。接著再定義一個 area() 函式，用來計算圖形的面積。

程式 6.23 表示圖形型別的 interface

```
interface Shape {
  double area();
}
```

　　然後分別在想要當作圖形來處理的 Rectangle 和 Circle 類別上實作（implement）Shape 介面。

程式 6.24 實作 Shape 介面

```
// 矩形
class Rectangle implements Shape {
  private final double width;
  private final double height;
  // 中略
  public double area() {
    return width * height;
  }
}
```

```
// 圓形
class Circle implements Shape {
  private final double radius;
  // 中略
  public double area() {
    return radius * radius * Math.PI;
  }
}
```

　　這樣一來，Rectangle 和 Circle 現在都可以當作 Shape 型別來使用。這是什麼意思呢？舉例來說，可以把 Rectangle 和 Circle 的物件代入 Shape 型別的變數，而且 Shape 介面中定義的 area() 還可以共通使用。

程式6.25 可以當作同一個 Shape 型別來使用

```
// 實作 Shape 介面的 Rectangle 和 Circle 物件都可以代入 Shape 型別的變數。
Shape shape = new Circle(10);
System.out.println(shape.area());  / /顯示圓形的面積。
shape = new Rectangle(20, 25);
System.out.println(shape.area());  // 顯示矩形的面積。
```

　　既然可以當作相同型別來使用，那就不再需要判斷型別了，可以把程式 6.22 的 showArea() 函式改善成程式 6.26 的樣子。只要將引數的型別設定為 Shape，實作 Shape 介面的所有類別就都可以傳進該引數。這樣即使不靠 instanceof 判斷型別，也可以呼叫 area() 函式。

程式6.26 不需要用 if 判斷型別了

```
void showArea(Shape shape) {
  System.out.println(shape.area());
}
...
```

```
Rectangle rectangle = new Rectangle(8, 12);
showArea(rectangle);  // 顯示矩形的面積。
```

　　Rectangle 和 Circle 類別的面積計算功能是不同的，不過善用介面就可以便利切換功能，不需要條件判斷，使程式碼更加簡潔。「簡便切換功能」這一點正是介面的重要優勢之一。

　　多虧了介面，我們不需要寫出型別判斷的條件也能整合不同類別的功能（見圖 6.2），而且還可以自由添加新的圖形類別，例如三角形的 Triangle 類別或橢圓的 Ellipse 類別。即便求面積的方式各不相同，只要實作 Shape 介面就都能實現。

圖6.2 以介面實現的抽象化

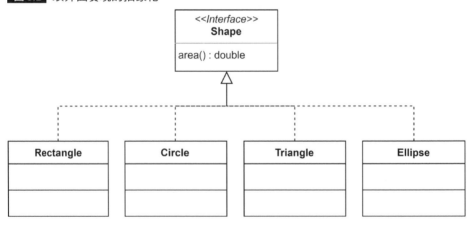

6.2.7　用介面處理重複的 switch（策略模式）

　　用這個介面的概念來解決 switch 的程式碼重複問題吧。

把「依照類別切換的功能」設計為介面的函式

介面的其中一個重要優勢是可以輕易切換功能。

回顧一下之前的魔法範例有什麼需要切換的項目呢？那時是用 switch 來切換魔法名稱、消耗魔力、攻擊力、以及消耗技能值，對吧。

再看看圖 6.2 的圖形類別的範例，為了能夠切換面積計算公式，我們在 Shape 介面中定義 area() 函式。要切換的魔法項目也是用相同的方式，定義成介面的函式。這邊先把每個切換的項目定義為程式 6.27 的函式。

程式 6.27 用介面定義的函式清單

```
String name();          // 名稱
int costMagicPoint();   // 消耗魔力
int attackPower();      // 攻擊力
int costTechnicalPoint(); // 消耗技能值
```

「共同的身分」是介面的命名重點

接下來要決定介面的名稱。介面的命名方式有很多種，其中一種是考慮「這個介面所實作的類別會有哪些共同點？」在程式 6.23，矩形和圓形都是屬於圖形，因此命名為 Shape。那麼「烈焰」、「紫電」、「地獄之業火」有什麼共同身分呢？那就是魔法。因此，我們將介面命名為 Magic。

程式 6.28 表示魔法型別的介面

```
// 魔法型別
interface Magic {
  String name();
  int costMagicPoint();
  int attackPower();
  int costTechnicalPoint();
}
```

分類後設計類別

在程式 6.24，我們分別將矩形和圓形定義為 Rectangle 和 Circle 類別，然後實作了計算公式不同的 area() 函式。同樣地，每一種魔法也要各自定義為單獨的類別（表 6.4）。

表6.4 不同魔法對應到不同類別

魔法	類別
烈焰	Fire
紫電	Shiden
地獄之業火	HellFire

在每個類別實作介面

接著就可以在每個魔法類別中實作 Magic 介面。以 Fire 類別為例，裡面要實作函式來取得魔法「烈焰」的名稱、消耗魔力、攻擊力和消耗技能值。

程式6.29 表示魔法「烈焰」的類別

```java
// 魔法「烈焰」
class Fire implements Magic {
  private final Member member;

  Fire(final Member member) {
    this.member = member;
  }

  public String name() {
    return "烈焰";
  }

  public int costMagicPoint() {
    return 2;
```

```
  }

  public int attackPower() {
    return 20 + (int)(member.level * 0.5);
  }

  public int costTechnicalPoint() {
    return 0;
  }
}
```

也一樣實作在烈焰以外的魔法類別。

程式 6.30 表示魔法「紫電」的類別

```
// 魔法「紫電」
class Shiden implements Magic {
  private final Member member;

  Shiden(final Member member) {
    this.member = member;
  }

  public String name() {
    return "紫電";
  }

  public int costMagicPoint() {
    return 5 + (int)(member.level * 0.2);
  }

  public int attackPower() {
    return 50 + (int)(member.agility * 1.5);
  }

  public int costTechnicalPoint() {
    return 5;
  }
}
```

程式6.31　表示魔法「地獄之業火」的類別

```
// 魔法「地獄之業火」
class HellFire implements Magic {
  private final Member member;

  HellFire(final Member member) {
    this.member = member;
  }

  public String name() {
    return "地獄之業火";
  }

  public int costMagicPoint() {
    return 16;
  }

  public int attackPower() {
    return 200 + (int)(member.magicAttack * 0.5 + member.vitality * 2);
  }

  public int costTechnicalPoint() {
    return 20 + (int)(member.level * 0.4);
  }
}
```

圖6.3 用 Magic 介面將關於魔法的功能抽象化

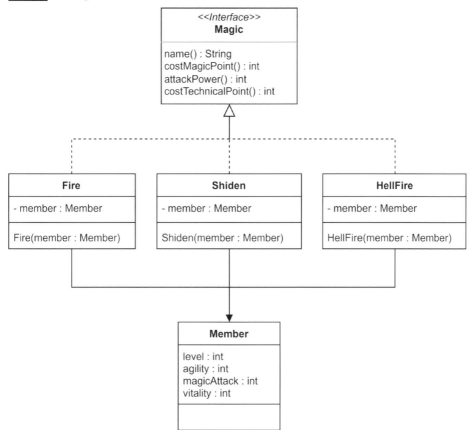

透過這樣的實作，Fire、Shiden、HellFire 通通都可以當作 Magic 型別來使用（圖 6.3）。

用 Map 代替 Switch 來做切換

雖然上述的魔法已經都可以當作 Magic 型別來使用，但還需要進行一些額外的工作來移除 switch，在此選擇用 Map 來替代：以 enum MagicType 作為 key，檢索對應的 Magic 實作類別。

程式 6.32　用 Map 切換功能

```
final Map<MagicType, Magic> magics = new HashMap<>();
// 中略
final Fire fire = new Fire(member);
final Shiden shiden = new Shiden(member);
final HellFire hellFire = new HellFire(member);

magics.put(MagicType.fire, fire);
magics.put(MagicType.shiden, shiden);
magics.put(MagicType.hellFire, hellFire);
```

　　舉例來說，假設某個案例需要以魔法攻擊力來計算傷害量。我們可以從 Map 取出 `MagicType` 對應的魔法物件，然後呼叫該物件的 `attackPower()` 函式。

程式 6.33　魔法攻擊力的切換

```
void magicAttack(final MagicType magicType) {
  final Magic usingMagic = magics.get(magicType);
  usingMagic.attackPower();
```

　　當 `MagicType.hellFire` 作為引數傳給 `magicAttack()` 函式時，裡面的 `usingMagic.attackPower()` 就會呼叫 `HellFire.attackPower()`。Map 在這裡取代了 switch 的條件判斷，用來切換魔法名稱、消耗魔力、攻擊力和消耗技能值。

程式 6.34　用 Magic 介面來切換全部的魔法功能

```
final Map<MagicType, Magic> magics = new HashMap<>();
// 中略

// 實施魔法攻擊
void magicAttack(final MagicType magicType) {
  final Magic usingMagic = magics.get(magicType);

  showMagicName(usingMagic);
  consumeMagicPoint(usingMagic);
```

```
  consumeTechnicalPoint(usingMagic);
  magicDamage(usingMagic);
}

// 在畫面中顯示魔法的名稱
void showMagicName(final Magic magic) {
  final String name = magic.name();
  // 用 name 顯示名稱
}

// 消耗魔力
void consumeMagicPoint(final Magic magic) {
  final int costMagicPoint = magic.costMagicPoint();
  // 用 costMagicPoint 計算消耗的魔力
}

// 消耗技能值
void consumeTechnicalPoint(final Magic magic) {
  final int costTechnicalPoint = magic.costTechnicalPoint();
  // 用 costTechnicalPoint 計算消耗的技能值
}

// 計算傷害量
void magicDamage(final Magic magic) {
  final int attackPower = magic.attackPower();
  // 用 attackPower 計算傷害量
}
```

這麼一來，不需要任何 switch 就可以切換每個魔法的功能，只要用 Map 就能存取。

這種利用介面來切換所有功能的設計，稱為**策略模式**（Strategy Pattern）[註5]。策略模式是一種設計模式，在 3.4 也有介紹過。

[註5]　有一種與策略模式結構相似的設計模式是狀態模式（State Pattern）。狀態模式的用途是簡化不同狀態之間的切換流程。

未實作的函式會被編譯器揪出來

使用介面的策略模式，除了可以減少 switch 的重複程式碼之外，還有另一個好處。為了更清楚理解這項好處，我們可以想像一下，如果從一開始就用策略模式設計每種魔法會發生什麼事。

假設現在要新增魔法「地獄之業火」，而負責人和之前使用 switch 時一樣，忘記實作攻擊力的 attackPower() 函式。

程式6.35 在 Magic 介面新增函式

```
interface Magic {
  String name();
  int costMagicPoint();
  int attackPower();  // 新增
}
```

程式6.36 某些類別忘記實作的情況

```
class HellFire implements Magic {
  public String name() {
    return "地獄之業火";
  }

  public int costMagicPoint() {
    return 16;
  }

// 忘記實作 attackPower()
```

這段程式碼會發生編譯錯誤。只有在介面的所有函式都完成實作的情況下，編譯才會成功；如果有未實作的函式的話，編譯就會失敗。這樣一來，就可以避免功能未實作就發布出去。

仔細地設計值物件

　　前面介紹了使用策略模式來解決 switch 重複問題的方法。最後再費一些工夫，進一步提升程式碼的品質吧。Magic 介面中的函式回傳值，型別是 String 和 int，特別是 int 型別的函式有 3 個。正如 3.2.6 所說的，這樣的設計會有「傳入錯誤的值」的風險。因此，要將魔力、攻擊力和技能值分別設計為值物件，即 MagicPoint、AttackPower 和 TechnicalPoint 類別。

◉ 程式 6.37 值物件版本的魔法介面

```
interface Magic {
  String name();
  MagicPoint costMagicPoint();
  AttackPower attackPower();
  TechnicalPoint costTechnicalPoint();
}
```

◉ 程式 6.38 值物件版本的魔法「烈焰」

```
class Fire implements Magic {
  private final Member member;

  Fire(final Member member) {
    this.member = member;
  }

  public String name() {
    return "烈焰";
  }

  public MagicPoint costMagicPoint() {
    return new MagicPoint(2);
  }
```

```
  public AttackPower attackPower() {
    final int value = 20 + (int)(member.level * 0.5);
    return new AttackPower(value);
  }

  public TechnicalPoint costTechnicalPoint() {
    return new TechnicalPoint(0);
  }
}
```

⬤ 程式6.39　值物件版本的魔法「紫電」

```
class Shiden implements Magic {
  private final Member member;

  Shiden(final Member member) {
    this.member = member;
  }

  public String name() {
    return "紫電";
  }

  public MagicPoint costMagicPoint() {
    final int value = 5 + (int)(member.level * 0.2);
    return new MagicPoint(value);
  }

  public AttackPower attackPower() {
    final int value = 50 + (int)(member.agility * 1.5);
    return new AttackPower(value);
  }

  public TechnicalPoint costTechnicalPoint() {
    return new TechnicalPoint(5);
  }
}
```

程式 6.40 值物件版本的魔法「地獄之業火」

```java
class HellFire implements Magic {
  private final Member member;

  HellFire(final Member member) {
    this.member = member;
  }

  public String name() {
    return "地獄之業火";
  }

  public MagicPoint costMagicPoint() {
    return new MagicPoint(16);
  }

  public AttackPower attackPower() {
    final int value = 200 + (int)(member.magicAttack * 0.5 + member.↩
vitality * 2);
    return new AttackPower(value);
  }

  public TechnicalPoint costTechnicalPoint() {
    final int value = 20 + (int)(member.level * 0.4);
    return new TechnicalPoint(value);
  }
}
```

圖6.4 值物件讓類別的結構更易於日後修改

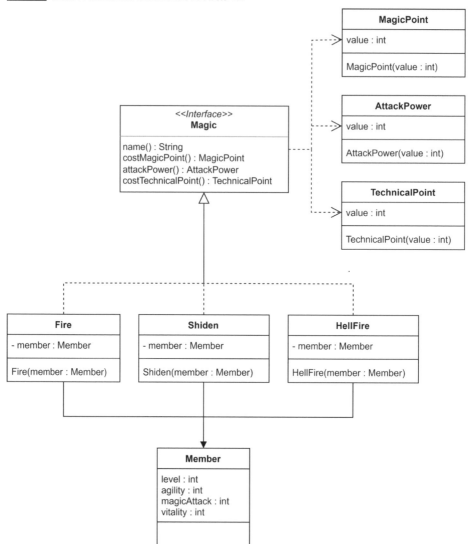

6.3 重複、巢狀條件判斷

　　介面不僅能解決 switch 重複的問題，還可以簡化多層、複雜的條件判斷。程式 6.41 是一個電子商務網站中判定優良客戶的功能。這個程式會檢查客戶的購買歷史，如果滿足以下所有條件，則判定為黃金會員。

● 累積購買金額達到 10 萬圓以上

● 每月購買頻率達到 10 次以上

● 退貨率在 0.1% 以內

✖ 程式 6.41 判定黃金會員資格的函式

```
/**
* @return 如果是黃金會員的話回傳 true
* @param history 購物履歷
*/
boolean isGoldCustomer(PurchaseHistory history) {
  if (100000 <= history.totalAmount) {
    if (10 <= history.purchaseFrequencyPerMonth) {
      if (history.returnRate <= 0.001) {
        return true;
      }
    }
  }
  return false;
}
```

　　程式中的巢狀 if 應該可以用提早 return 來簡化。在程式 6.42 中，判定白銀會員的條件如下：

● 每月購買頻率達到 10 次以上

● 退貨率在 0.1% 以內

✗ 程式6.41　判定白銀會員資格的函式

```
/**
 * @return 如果是白銀會員的話回傳 true
 * @param history 購物履歷
 */
boolean isSilverCustomer(PurchaseHistory history) {
  if (10 <= history.purchaseFrequencyPerMonth) {
    if (history.returnRate <= 0.001) {
      return true;
    }
  }
  return false;
}
```

其中有一部分的判斷條件與黃金會員相同。如果除了黃金和白銀之外還新增了青銅之類的會員等級，而且也有類似的判斷條件，那麼相同的判斷式就會散佈在許多地方了。有沒有辦法以某種方式重複使用相同的判斷式呢？

6.3.1　用政策模式來聚合條件

這種情況就可以使用政策模式（Policy Pattern），將條件轉換為部件再重新排列，實現特定的條件內容。

首先，準備如程式 6.43 所示的介面，用於表示一條一條的「規則」（判斷條件）。

🔧 程式6.43　表示優良客戶的介面

```
interface ExcellentCustomerRule {
  /**
   * @return 如果滿足條件就回傳 true
   * @param history 購物履歷
   */
  boolean ok(final PurchaseHistory history);
}
```

　　成為黃金會員需要滿足 3 個條件，把這些條件都設為類別，並實作
ExcellentCustomerRule 介面，如程式 6.44、6.45 和 6.46 所示。

程式 6.44 黃金會員的購買金額規則

```java
class GoldCustomerPurchaseAmountRule implements ExcellentCustomerRule {
  public boolean ok(final PurchaseHistory history) {
    return 100000 <= history.totalAmount;
  }
}
```

程式 6.45 購買頻率的規則

```java
class PurchaseFrequencyRule implements ExcellentCustomerRule {
  public boolean ok(final PurchaseHistory history) {
    return 10 <= history.purchaseFrequencyPerMonth;
  }
}
```

程式 6.46 退貨率的規則

```java
class ReturnRateRule implements ExcellentCustomerRule {
  public boolean ok(final PurchaseHistory history) {
    return history.returnRate <= 0.001;
  }
}
```

　　接下來建立一個「政策」類別，用 add() 函式把這些規則加入一個
Set，並在 complyWithAll() 函式判斷是否滿足所有規則。

程式 6.47 表示優良客戶評斷政策的類別

```java
class ExcellentCustomerPolicy {
  private final Set<ExcellentCustomerRule> rules;

  ExcellentCustomerPolicy() {
    rules = new HashSet();
  }

  /**
```

```
 * 新增規則
 *
 * @param rule 規則
 */
void add(final ExcellentCustomerRule rule) {
  rules.add(rule);
}


/**
 * @param history 購物履歷
 * @return 如果符合所有規則的話回傳 true
 */
boolean complyWithAll(final PurchaseHistory history) {
  for (ExcellentCustomerRule each : rules) {
    if (!each.ok(history)) return false;
  }
  return true;
}
}
```

　　來試試看用政策模式改善黃金會員的判斷。把黃金會員的 3 個條件新增到 goldCustomerPolicy，然後使用 complyWithAll() 來判斷是否為黃金會員。

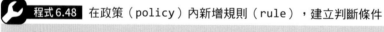 程式 6.48　在政策（policy）內新增規則（rule），建立判斷條件

```
ExcellentCustomerPolicy goldCustomerPolicy = new
ExcellentCustomerPolicy();
goldCustomerPolicy.add(new GoldCustomerPurchaseAmountRule());
goldCustomerPolicy.add(new PurchaseFrequencyRule());
goldCustomerPolicy.add(new ReturnRateRule());

goldCustomerPolicy.complyWithAll(purchaseHistory);
```

　　現在 ExcellentCustomerPolicy.complyWithAll() 函式中只有一個 if，大大簡化了程式碼。

不過這種寫法可能又會導致程式碼中間插進和黃金會員無關的功能。這是一個不穩定的結構。

我們把黃金會員的評斷政策嚴格地獨立成類別，如程式 6.49 所示。

程式 6.49 黃金會員的評斷政策

```
class GoldCustomerPolicy {
  private final ExcellentCustomerPolicy policy;

  GoldCustomerPolicy() {
    policy = new ExcellentCustomerPolicy();
    policy.add(new GoldCustomerPurchaseAmountRule());
    policy.add(new PurchaseFrequencyRule());
    policy.add(new ReturnRateRule());
  }

  /**
   * @param history 購物履歷
   * @return 如果符合所有規則的話回傳 true
   */
  boolean complyWithAll(final PurchaseHistory history) {
    return policy.complyWithAll(history);
  }
}
```

這是整合黃金會員條件的類別結構。將來如果黃金會員的條件需要變更，只要修改 GoldCustomerPolicy 即可。

對白銀會員也可以使用一樣的結構，利用相同的規則，組成易於理解的類別。

程式 6.50 白銀會員的評斷政策

```
class SilverCustomerPolicy {
  private final ExcellentCustomerPolicy policy;
```

```
SilverCustomerPolicy() {
  policy = new ExcellentCustomerPolicy();
  policy.add(new PurchaseFrequencyRule());
  policy.add(new ReturnRateRule());
}

/**
 * @param history 購物履歷
 * @return 如果符合所有規則的話回傳 true
 */
boolean complyWithAll(final PurchaseHistory history) {
  return policy.complyWithAll(history);
}
}
```

圖6.5 用政策模式將規則結構化（為避免過於複雜，圖中有部分省略）

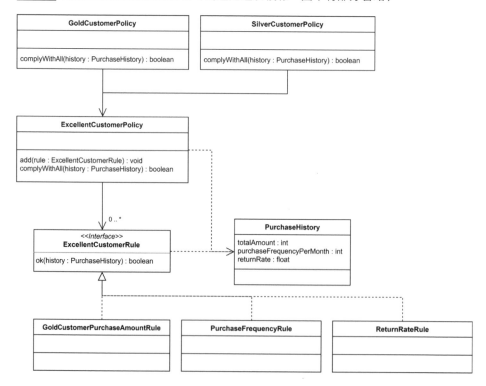

6.4 不要以型別判斷作為條件判斷

前面說明過，使用介面有助於減少條件判斷。然而即便用了介面，也有一種不良的用法無法讓條件判斷變少。

我們以飯店住宿費為例進行說明。住宿費有普通客房的價格（7,000日圓）和豪華套房的價格（12,000 日圓）這兩種情況。因為要使用策略模式切換這些費用，所以就先準備了如程式 6.51 所示的介面。

程式 6.51 表示住宿費用的介面

```
interface HotelRates {
  Money fee();  // 金額
}
```

fee() 函式用來取得住宿費，回傳值的型別是表示金額的值物件，也就是 Money 類別。一般住宿費和高級住宿費都由 HotelRates 介面的實作來表示，如程式 6.52 和程式 6.53。

程式 6.52 一般住宿費

```
class RegularRates implements HotelRates {
  public Money fee() {
    return new Money(7000);
  }
}
```

程式 6.53 高級住宿費

```
class PremiumRates implements HotelRates {
  public Money fee() {
    return new Money(12000);
  }
}
```

這樣一來，就可以使用策略模式來切換住宿費用。

另外，通常在旺季住宿需求較高，住宿費用也會設定得比較高。我們迅速在一般住宿和高級住宿新增旺季費用加成的功能，結果就變成程式6.54 那樣。

✖ 程式6.54 用型別來切換旺季的住宿費

```
Money busySeasonFee;
if (hotelRates instanceof RegularRates) {
  busySeasonFee = hotelRates.fee().add(new Money(3000));
}
else if (hotelRates instanceof PremiumRates) {
  busySeasonFee = hotelRates.fee().add(new Money(5000));
}
```

instanceof 是用來判斷型別的算符。這裡的判定方式是，如果 hotelRates 是 RegularRates 型別，就加上 3,000 日元；如果是PremiumRates 型別，就加上 5,000 日元。

這段程式碼用了 instanceof 加上 if 條件判斷來檢查物件屬於什麼類別。明明都已經設計好介面，卻沒有真的減少條件判斷，可說是白忙一場。而且，如果有其他地方需要計算旺季的費率，就必須再次使用instanceof 進行相同的條件判斷，這樣就會增加重複的條件判斷程式碼。

這種做法違反了所謂的 **Liskov 替代原則**。這個軟體設計的原則是關於親類別和子類別之間的一些性質規範。簡單來說就是「將親類別的物件替換為子類別物件時，應該要正常運作，不會引起問題」。

在這個情境的「親類別」是介面，而「子類別」則是實作介面的類別。用 instanceof 作為條件式來判斷要加 3,000 日圓或 5,000 日圓的話，hotelRates 就無法替換為其他的子類別了。

像這樣違反 Liskov 替代原則，會增加型別判斷的程式碼分支，使得程式碼難以維護。**對介面的意義理解不足時，就會很容易落入這種盲點。**

理想的方式是旺季的費用也應該用介面進行切換，在 HotelRates 介面新增一個回傳旺季費用的 busySeasonFee() 函式。

🔧 **程式 6.55** 在介面中定義旺季的費用切換

```
interface HotelRates {
  Money fee();
  Money busySeasonFee();   // 旺季費用
}
```

然後在類別中分別實作旺季費用的詳細計算。

⏺ **程式 6.56** 一般住宿費加上旺季費用

```
class RegularRates implements HotelRates {
  public Money fee() {
    return new Money(7000);
  }

  public Money busySeasonFee() {
    return fee().add(new Money(3000));
  }
}
```

⏺ **程式 6.57** 高級住宿費加上旺季費用

```
class PremiumRates implements HotelRates {
  public Money fee() {
    return new Money(12000);
  }

  public Money busySeasonFee() {
    return fee().add(new Money(5000));
  }
}
```

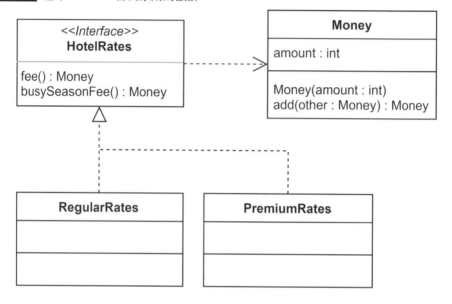

圖6.6 遵守 Liskov 替代原則的設計

這樣一來，就不需要在呼叫時使用 instanceof 做型別判斷了。

程式6.58 不再需要旺季費用的型別判斷

```
Money busySeasonFee = hotelRates.busySeasonFee();
```

6.5　熟練運用介面是邁向中級者的第一步

像這樣靈活運用介面，能大幅減少條件判斷，讓程式碼變得簡潔。**「能否熟練運用介面，是設計能力的一大分水嶺」**，許多人會這麼說。

在筆者的觀察中，不同的設計技能程度，在條件判斷的撰寫方式會出現類似表格 6.5 的差異。

表格6.5 不同程度的設計方式差異

	初級者	中級以上
條件判斷	不加思索直接使用 if 或 switch	嘗試用介面設計
判斷後的各分支	流水帳式的程式碼	嘗試分類成類別

　　「感覺需要條件判斷，首先考慮用介面設計！」只要能意識到這件事，應對條件判斷的方式就會有顯著的改變。

6.6　旗標引數

　　請看程式 6.59，看得出來會發生什麼事嗎？

程式6.59 damage 函式

```
damage(true, damageAmount);
```

　　我們來看看函式內部的程式碼吧。

程式6.60 damage() 函式的內部

```
void damage(boolean damageFlag, int damageAmount) {
  if (damageFlag == true) {
    // 生命值傷害
    member.hitPoint -= damageAmount;
    if (0 < member.hitPoint) return;

    member.hitPoint = 0;
    member.addState(StateType.dead);
  }
  else {
    // 魔力值傷害
    member.magicPoint -= damageAmount;
    if (0 < member.magicPoint) return;
```

```
    member.magicPoint = 0;
  }
}
```

原來是用第 1 個參數 damageFlag 來切換生命值傷害和魔力值傷害啊。這種用來切換函式功能的 boolean 型別引數，稱為**旗標引數**。帶有旗標引數的函式，通常很難看出內部會發生什麼事；要瞭解實際功能，就必須查看內部的程式碼。這會降低程式碼的可讀性和開發效率。

不僅是 boolean 型別，使用 int 型別引數來切換功能也會導致類似的問題。

✖ 程式 6.61 用 int 引數來切換功能

```
void execute(int processNumber) {
  if (processNumber == 0) {
    // 處理帳號登入
  }
  else if (processNumber == 1) {
    // 處理出貨郵件通知
  }
  else if (processNumber == 2) {
    // 處理訂單
  }
  else if (processNumber == 3) { ...
```

6.6.1　拆解函式

接收旗標引數的函式內部會包含多個功能，透過旗標來做切換。但設計函式時應該只規劃單一功能，所以旗標引數的函式功能應該要區分開來。

程式 6.62 把生命值傷害和魔力值傷害的函式分開

```
void hitPointDamage(final int damageAmount) {
  member.hitPoint -= damageAmount;
  if (0 < member.hitPoint) return;

  member.hitPoint = 0;
  member.addState(StateType.dead);
}

void magicPointDamage(final int damageAmount) {
  member.magicPoint -= damageAmount;
  if (0 < member.magicPoint) return;

  member.magicPoint = 0;
}
```

按功能劃分程式碼、適當命名每個函式,就能大大提高可讀性。

6.6.2 使用策略模式實現切換機制

雖然已經成功把不同功能的函式分開了,但某些規格可能還是會要求在生命值傷害和魔力值傷害之間切換。但如果為了應付這種情況而使用 boolean 做條件判斷,就會又回到使用旗標引數的問題。

所以我們不使用旗標引數,而是改用策略模式來切換。旗標引數切換的功能分別是生命值傷害和魔力值傷害,依此定義的介面如程式 6.63 所示。

程式 6.63 表示傷害的介面

```
interface Damage {
  void execute(final int damageAmount);
}
```

再來，在表示兩種傷害的類別 HitPointDamage 和 MagicPointDamage 實作 Damage 介面，就像程式 6.28 的 Magic 介面一樣，把需要切換的功能實作在各類別中。

程式6.64　實作 Damage 介面

```java
// 生命值傷害
class HitPointDamage implements Damage {
  // 中略
  public void execute(final int damageAmount) {
    member.hitPoint -= damageAmount;
    if (0 < member.hitPoint) return;

    member.hitPoint = 0;
    member.addState(StateType.dead);
  }
}

// 魔力值傷害
class MagicPointDamage implements Damage {
  // 中略
  public void execute(final int damageAmount) {
    member.magicPoint -= damageAmount;
    if (0 < member.magicPoint) return;

    member.magicPoint = 0;
  }
}
```

圖 6.7 用策略模式精心設計切換的機制

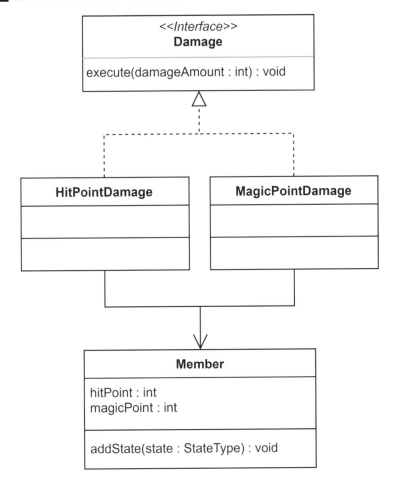

像程式 6.32 一樣，用 enum 和 Map 來切換。

◉ 程式6.65 用 Map 來切換類型

```
enum DamageType {
  hitPoint,
  magicPoint
}

private final Map<DamageType, Damage> damages;

void applyDamage(final DamageType damageType, final int damageAmount) {
  final Damage damage = damages.get(damageType);
  damage.execute(damageAmount);
}
```

applyDamage() 的呼叫方式如程式 6.66 所示。

◉ 程式6.66 呼叫 applyDamage() 函式

```
applyDamage(DamageType.magicPoint, damageAmount);
```

與程式 6.59 相比，變得非常清晰易懂。函式內不需要條件判斷，可讀性大幅提升。而且，以這種策略模式進行設計，也能輕鬆應對新增的傷害規格。例如，如果要添加技能值傷害的規格，只要在新的 TechnicalPointDamage 類別實作 Damage 介面即可。

第 **7** 章

集合
─化解巢狀結構的結構化技術─

　　本章將介紹關於陣列（array）、list（又譯串列，本書寫為英文）
等集合（collection）所伴隨的惡魔，以及對抗這些惡魔的方法。（此處
的集合是泛指可以將其他物件集中管理的程式語言內建物件，如 List、
Queue 等等。其中的 Set 在本書則不譯為中文，以做區分。）

7.1　重覆製作集合原有的函式

　　程式 7.1 是遊戲裡用來檢查角色持有物品中是否有「監獄的鑰匙」的
程式碼。for 裡面又加上一層 if，使得程式碼的可讀性有點差。

✘ 程式 7.1 檢查角色是否持有「監獄的鑰匙」的程式碼

```
boolean hasPrisonKey = false;
// items 是 List<Item> 型別
for (Item each : items) {
  if (each.name.equals("監獄的鑰匙")) {
    hasPrisonKey = true;
    break;
  }
}
```

　　上面這段程式碼的功能，和程式 7.2 完全相同。

◉ 程式 7.2 anyMatch() 函式

```
boolean hasPrisonKey = items.stream().anyMatch(item -> item.name.equals("
監獄的鑰匙"));
```

　　anyMatch() 函式是 Java 標準函式庫提供的集合函式，如果集合中
有至少一個滿足條件的元素，就會回傳 true。有了 anyMatch()，就不
需要用到 for 和 if，俐落的一行就能解決。

如果知道有 anyMatch() 這樣的函式，就不需要自己實作複雜的程式碼。相反地，如果不知道有這樣的函式，就還要自己特地實作，這樣可能會讓程式碼變得複雜又冗長，而且還可能不小心寫出 bug。

在集合處理方面，除了 anyMatch() 之外，函式庫還收錄了許多方便的函式。在自己手刻函式之前，首先應該要確認函式庫中是否有類似的功能。

Column

重新發明輪子

儘管已經有廣受使用和認可的技術或解決方案，開發者卻因為不知道或者故意忽略，而重新創造出類似的東西，這種情況常被比喻為「重新發明輪子」。

前面不使用 anyMatch() 而自行實作的例子，確實就是重新發明輪子的表現。

不使用已經確立的技術而自行創造新技術，通常會浪費不必要的勞力和時間。而且如果創造出的東西還不如現有的東西實用，也會被比喻為「發明方形的輪子」。實際上確實有一些案例是因為不知道現有的函式庫工具而自行實作，又因為做得不完整而導致 bug。

為了避免重造輪子所帶來的弊端，在開發過程中務必仔細調查框架和函式庫的功能。

不過重造輪子並不是在所有情況都不好。函式庫和框架最初也是由那些掌握強大技術的工程師創造的。如果我們只會組合函式庫來進行程式設計的話，終究無法瞭解函式庫的運作機制，技術能力也會就此停滯。理解各種工具的運作機制和基礎知識，可以提升技術能力，拓展開發的面向。若不論實際的工作場合，就學習的角度而言，有時故意重造輪子也會為程式能力帶來新的啟發。

7.2 迴圈內的巢狀條件判斷

有時我們需要針對集合內符合特定條件的元素進行某些操作。

例如在 RPG 中，遊戲角色可能會中毒並受到傷害，因此需要檢查所有成員的狀態，如果成員處於中毒狀態就會減少生命值。不經思考地實作下去的話，很容易就變得像程式 7.3 一樣。

✖ 程式7.3 常見的巢狀構造

```
for (Member member : members) {
  if (0 < member.hitPoint) {
    if (member.containsState(StateType.poison)) {
      member.hitPoint -= 10;
      if (member.hitPoint <= 0) {
        member.hitPoint = 0;
        member.addState(StateType.dead);
        member.removeState(StateType.poison);
      }
    }
  }
}
```

首先要檢查成員是否還活著。如果還活著，接著要檢查是否處於中毒狀態。若處於中毒狀態，則減少 10 點生命值。若生命值降至 0 以下，則修正為 0，並陷入無法戰鬥的狀態。這個程序要對所有隊伍成員都執行一次。在 for 裡面的 if 巢狀結構層層疊疊，使程式碼的可讀性變得很差。

7.2.1 用提早 continue 來化解條件判斷的巢狀結構

在迴圈裡的多層條件判斷，可以延伸應用 6.1 提到的提早 return，以**提早 continue** 來解決。continue 是一個迴圈的控制指令，會跳過目前這一輪迴圈剩下的程式碼，直接進行下一輪迴圈處理。提早 return 的概念是「如果不滿足條件就用 return 提前退出」，在迴圈裡也可以應用這個概念，達成「如果不滿足條件就用 continue 跳到下一輪迴圈」的效果。

　　首先，把檢查生存狀態的 if 改為「如果成員無法戰鬥，就使用 continue 跳到下一輪迴圈」。

程式 7.4 用提早 continue 來解開巢狀結構

```
for (Member member : members) {
  // 如果成員無法戰鬥，就用 continue 跳到下一輪迴圈。
  // 將原先設定的條件反轉，改成提早 continue。
  if (member.hitPoint == 0) continue;

  if (member.containsState(StateType.poison)) {
    member.hitPoint -= 10;
    if (member.hitPoint <= 0) {
      member.hitPoint = 0;
      member.addState(StateType.dead);
      member.removeState(StateType.poison);
    }
  }
}
```

　　如果成員無法戰鬥，就以 continue 跳過，不會執行後續處理，直接跳到下一個成員。這個提早 continue 讓巢狀結構減少了一層。以下再把提早 continue 應用到所有的 if。

程式 7.5 解開全部的巢狀 if

```
for (Member member : members) {
  if (member.hitPoint == 0) continue;
  if (!member.containsState(StateType.poison)) continue;

  member.hitPoint -= 10;

  if (0 < member.hitPoint) continue;

  member.hitPoint = 0;
  member.addState(StateType.dead);
  member.removeState(StateType.poison);
}
```

這樣就成功解開了三層 if 的結構，程式碼內容變得更易懂。以 continue 作為分隔，可以清楚分辨程式碼執行到哪一步，提高程式碼的可讀性。

7.2.2 提早 break 也能解開巢狀構造

迴圈的控制指令除了 continue 之外還有 break，break 可以中斷並跳出目前的迴圈。與提早 continue 的概念相同，某些狀況可以用提早 break 來簡化迴圈程式碼。這次也以 RPG 為例，假設有一個「聯合攻擊」系統，可以讓多位隊伍成員共同進行攻擊。這種聯合攻擊可能有強化攻擊力之類的效果，不過聯合的成功條件也相當嚴苛，往往不容易成功。在這種情境下，我們要考慮怎麼計算聯合攻擊造成的總傷害值。計算的規格如下：

● 照順序評估成員的聯合攻擊是否成功。

● 若聯合成功：

  • 該成員的攻擊力乘以 1.1，作為強化傷害值。

● 若聯合失敗：

  • 不再評估後續成員的聯合。

● 若強化傷害值超過 30：

  • 將額外傷害值加進總傷害值。

● 若額外傷害值未達 30：

  • 視為聯合失敗，不再評估後續成員的聯合。

這是有點複雜的規格，若不仔細思考，容易寫出類似程式 7.6 的結果。

❌ **程式 7.6** 結構複雜、難以理解的巢狀條件判斷

```
int totalDamage = 0;
for (Member member : members) {
  if (member.hasTeamAttackSucceeded()) {
    int damage = (int)(member.attack() * 1.1);
    if (30 <= damage) {
      totalDamage += damage;
    }
    else {
      break;
    }
  }
  else {
    break;
  }
}
```

for 裡有兩層的 if，而且還在 else 裡使用 break，造成程式碼的流程非常難以理解。就像之前的提早 continue 一樣，這裡也可以把條件式反轉之後改成提早 break 來簡化。

⭕ **程式 7.7** 用提早 break 來提升程式碼的可讀性

```
int totalDamage = 0;
for (Member member : members) {
  if (!member.hasTeamAttackSucceeded()) break;

  int damage = (int)(member.attack() * 1.1);

  if (damage < 30) break;

  totalDamage += damage;
}
```

現在程式碼的可讀性好多了。在迴圈中寫出多層的 if 結構時，就要思考是否可以改用提早 continue 或提早 break。

7.3　低內聚的集合操作

集合的操作也很容易發生低內聚的問題，我們以 RPG 中的隊伍為例來說明。

✗ **程式 7.8** 可以管理隊伍成員的類別

```
// 用於控制隊伍在地圖畫面上的呈現
class FieldManager {
  // 新增隊伍成員。
  void addMember(List<Member> members, Member newMember) {
    if (members.stream().anyMatch(member -> member.id == newMember.id)) {
      throw new RuntimeException("此成員已經在隊伍內。");
    }
    if (members.size() == MAX_MEMBER_COUNT) {
      throw new RuntimeException("無法新增更多成員。");
    }

    members.add(newMember);
  }

  // 如果至少有一個隊伍成員還活著，就回傳 true。
  boolean partyIsAlive(List<Member> members) {
    return members.stream().anyMatch(member -> member.isAlive());
  }
}
```

FieldManager 類別負責控制地圖畫面中的隊伍，裡面定義了用來新增隊伍成員的 addMember() 函式、以及用來判斷隊伍中是否有成員存活的 partyIsAlive() 函式。

不過，遊戲裡新增隊伍成員的時機不僅限於在地圖畫面。在重要事件中也可能會執行類似程式 7.9 的功能，新增隊伍夥伴[註1]。

註1　在實際的 RPG 中，經常會在場景地圖外的重要事件中新增隊伍夥伴。

程式 7.9　實作在另一個類別裡的重複程式碼

```
// 控制遊戲特殊事件的類別
class SpecialEventManager {
  // 新增隊伍成員。
  void addMember(List<Member> members, Member member) {
    members.add(member);
  }
```

SpecialEventManager 是控制遊戲中特殊事件的類別。與 FieldManager 的新增成員功能 addMember() 相同的函式，同樣也實作在 SpecialEventManager 中，造成程式碼的重複[註2]。FieldManage.partyIsAlive() 的重複功能也可能實作在其他類別，像是程式 7.10 的 BattleManager.membersAreAlive()，雖然名稱、做法和 FieldManager.partyIsAlive() 都不一樣，但功用是相同的。兩者外表看似不同，實際上卻是重複的程式碼。

程式 7.10　另一個地方也有重複程式碼……

```
// 控制戰鬥的類別
class BattleManager {
  // 如果至少有一個隊伍成員還活著，就回傳 true。
  boolean membersAreAlive(List<Member> members) {
    boolean result = false;
    for (Member each : members) {
      if (each.isAlive()) {
        result = true;
        break;
      }
    }
    return result;
  }
}
```

註2　不過 SpecialEventManager.addMember() 沒有檢查異常狀態，是劣化的版本。

像這樣，處理集合的功能往往會這邊一個、那邊一個，變得到處都是，導致低內聚。那該如何處理呢？

7.3.1　將集合的相關功能封裝

解決集合低內聚性的方法之一，是使用「一級集合」。所謂的**一級集合**（first class collection）是一種設計模式，目標是把集合的相關功能全部封裝。

類別必須具備以下兩個要素（請參考第 3 章）。

● 成員變數
● 確保成員變數可以正常操作、不會陷入異常狀態的函式

延續上述的想法，「一級集合」需要具備以下要素：

● 型別為集合的成員變數
● 確保成員變數（型別為集合）可以正常操作、不會陷入異常狀態的函式

代表遊戲中所有成員的集合是 `List<Member>`，我們需要創造它的上層類別。既然成員的集合就是遊戲裡的「隊伍」，那就將 `List<Member>` 的上層類別命名為 `Party` 吧。

程式 7.11 把 `List` 型別當作成員變數

```
class Party {
  private final List<Member> members;

  Party() {
    members = new ArrayList<Member>();
  }
}
```

再來要把操作成員變數的功能移至 Party 類別中，像是用來新增成員的 addMember() 函式就改名為 add() 並移至 Party。但要注意，直接這樣移動會出現 members 被修改的副作用（4.2.3 節）。

程式7.12 出現 members 被修改的副作用

```
class Party {
  // 中略
  void add(final Member newMember) {
    members.add(newMember);
  }
}
```

為了防止副作用，還要再做進一步的處理。這裡應該改為創建新的 List，讓更改的元素新增在新 List 裡面。

程式7.13 不會產生副作用的函式

```
class Party {
  // 中略
  Party add(final Member newMember) {
    List<Member> adding = new ArrayList<>(members);
    adding.add(newMember);
    return new Party(adding);
  }
}
```

這樣一來，就不會出現修改到 members 的副作用了。

判斷是否有成員存活的函式也改名為 isAlive()，並搬進這個類別。此外，可以再新增「檢查某成員是否在隊伍中」的函式 exists()，還有「檢查是否可以新增成員」的 isFull()。最後的程式碼如下：

程式7.14 把操作 List 所需的功能都定義在同一個類別

```
class Party {
  static final int MAX_MEMBER_COUNT = 4;
  private final List<Member> members;
```

```java
Party() {
  members = new ArrayList<Member>();
}

private Party(List<Member> members) {
  this.members = members;
}

/**
 * 新增成員
 * @param newMember 要新增的成員
 * @return 新增成員後的隊伍
 */
Party add(final Member newMember) {
  if (exists(newMember)) {
    throw new RuntimeException("此成員已經在隊伍內。");
  }
  if (isFull()) {
    throw new RuntimeException("無法新增更多成員。");
  }

  final List<Member> adding = new ArrayList<>(members);
  adding.add(newMember);
  return new Party(adding);
}

/** @return 如果至少有一個隊伍成員活著，就回傳 true */
boolean isAlive() {
  return members.stream().anyMatch(each -> each.isAlive());
}

/**
 * @param member 要檢查的成員
 * @return 如果成員已經在隊伍中，就回傳 true
 */
boolean exists(final Member member) {
  return members.stream().anyMatch(each -> each.id == member.id);
}
```

```
/** @return如果隊伍成員已滿，就回傳 true */
boolean isFull() {
  return members.size() == MAX_MEMBER_COUNT;
}
}
```

圖7.1 以一級集合設計的 Party 類別

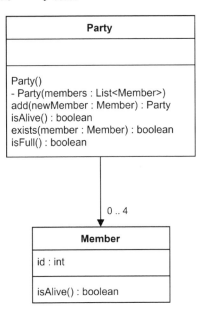

集合和操作集合的功能都已經緊密凝聚在同一個類別中了。

7.3.2　傳到外部的集合要設定為不可更改

如果想要在畫面上顯示隊伍成員的狀態，就會需要存取
List<Member> 內部的資料。那如果想要存取身為「一級集合」的 Party
類別，能不能定義像程式 7.15 這樣的函式呢？

✖ 程式 7.15 函式直接回傳 List

```
class Party {
  // 中略
  List<Member> members() {
    return members;
  }
}
```

如果將成員變數直接傳到外部，就是允許在 Party 類別之外新增或刪除成員，進行不受控制的操作。好不容易用 Party 類別把程式碼的內聚性提高，這下內聚性又變低了。

✖ 程式 7.16 外部可以隨意操作 List

```
members = party.members();
members.add(newMember);

...

members.clear();
```

傳給外部時，要確保集合的元素處於不能修改的狀態。這時可以使用 unmodifiableList() 函式。

◯ 程式 7.17 設定成不可變再傳給外部

```
class Party {
  // 中略

  /** @return 成員 List，但無法變更元素。 */
  List<Member> members() {
    return members.unmodifiableList();
  }
}
```

使用 unmodifiableList() 獲得的集合無法新增或刪除元素。這樣一來，就不用擔心元素在 Party 類別外部被隨意更改。

第 **8** 章

密耦合
—緊密糾纏、難分難解的結構—

這一章會集中討論耦合性。

耦合性（coupling）是指「模組之間互相依賴的程度」（參考 15.5.4 節）。和內聚性一樣，我們聚焦在類別的層級，把耦合性當作「類別間互相依賴的程度」來進一步說明。

當一個類別與其他許多類別互相依賴時，就稱之為**密耦合**（tight coupled）結構。密耦合的程式碼會難以解讀，而且非常難修改。

如果把程式碼改善成耦合度較低、也就是**疏耦合**（loosely coupled）的結構，就會更容易維護、修改。那要如何改善呢？在這章將會解釋改善的思路和方法。

圖8.1 密耦合的程式碼很難使用，也很難修改

在解決密耦合的問題時，考慮程式碼的職責是非常重要的。如果不考慮職責，就容易發生密耦合，debug 和後續修改就會變得困難。

在字典中「職責」的意思是「職務與責任」[註1]。在軟體設計中，職責指的是「控制特定功能，使其正常運作的責任」。接下來會詳細地解釋職責的意義。

註1　出自教育部《重編國語辭典修訂本》。

8.1　密耦合與職責

如果忽略了職責會產生什麼問題呢？這邊以一個虛構的電子商務網站當作說明範例，要在這個網站中新增功能。

這次要新增的功能是一項折扣服務，取名為「普通折扣」。普通折扣的規格如下：

● 每件商品折扣 300 圓。

● 購買金額上限為 20,000 圓。

負責人實作了像程式 8.1 這樣的程式碼。

程式8.1　管理商品折扣的類別

```java
class DiscountManager {
  List<Product> discountProducts;
  int totalPrice;

  /**
   * 新增商品
   *
   * @param product          商品
   * @param productDiscount 商品折扣資訊
   * @return 新增成功就回傳 true
   */
  boolean add(Product product, ProductDiscount productDiscount) {
    if (product.id < 0) {
      throw new IllegalArgumentException();
    }
    if (product.name.isEmpty()) {
      throw new IllegalArgumentException();
    }
    if (product.price < 0) {
      throw new IllegalArgumentException();
    }
```

```java
    if (product.id != productDiscount.id) {
      throw new IllegalArgumentException();
    }

    int discountPrice = getDiscountPrice(product.price);

    int tmp;
    if (productDiscount.canDiscount) {
      tmp = totalPrice + discountPrice;
    } else {
      tmp = totalPrice + product.price;
    }
    if (tmp <= 20000) {
      totalPrice = tmp;
      discountProducts.add(product);
      return true;
    } else {
      return false;
    }
  }

  /**
   * 取得折扣後價格
   *
   * @param price 商品價格
   * @return 折扣後價格
   */
  static int getDiscountPrice(int price) {
    int discountPrice = price - 300;
    if (discountPrice < 0) {
      discountPrice = 0;
    }
    return discountPrice;
  }
}

// 商品
class Product {
  int id;                    // 商品ID
```

```
  String name;          // 商品名稱
  int price;            // 價格
}


// 商品折扣資訊
class ProductDiscount {
  int id;               // 商品ID
  boolean canDiscount;  // 可以折扣就回傳true
}
```

　　`DiscountManager.add()` 函式會執行以下操作：

● 檢查 product 是否為無效值。

● 用 getDiscountPrice() 計算折扣後的價格。

● 如果 productDiscount.canDiscount 顯示可以折扣，就把總額加上折扣後價格；若不能折扣則加上一般價格。

● 如果總額不超過 20,000 圓，就把商品加入商品清單。

　　後來，除了一般折扣之外，還要再新增夏季限定折扣的規格：

● 每個商品減免 300 圓，與一般折扣相同。

● 購買金額上限為 30,000 圓。

　　和 DiscountManager 類別的負責人不同，實作 SummerDiscountManager 類別的是另一位負責人，結果如下所示。

✖ 程式8.2 管理夏季限定折扣的類別

```
class SummerDiscountManager {
  DiscountManager discountManager;

  /**
   * 新增商品
   *
   * @param product 商品
```

```
  * @return 新增成功就回傳 true
  */
  boolean add(Product product) {
    if (product.id < 0) {
      throw new IllegalArgumentException();
    }
    if (product.name.isEmpty()) {
      throw new IllegalArgumentException();
    }

    int tmp;
    if (product.canDiscount) {
      tmp = discountManager.totalPrice + DiscountManager.
getDiscountPrice(product.price);
    } else {
      tmp = discountManager.totalPrice + product.price;
    }
    if (tmp < 30000) {
      discountManager.totalPrice = tmp;
      discountManager.discountProducts.add(product);
      return true;
    } else {
      return false;
    }
  }
}

// 商品
class Product {
  int id;                 // 商品 ID
  String name;            // 商品名稱
  int price;              // 價格
  boolean canDiscount;    // ←新增：如果可以使用夏季折扣就回傳 true
}
```

圖 8.2 可以這樣直接挪用嗎？

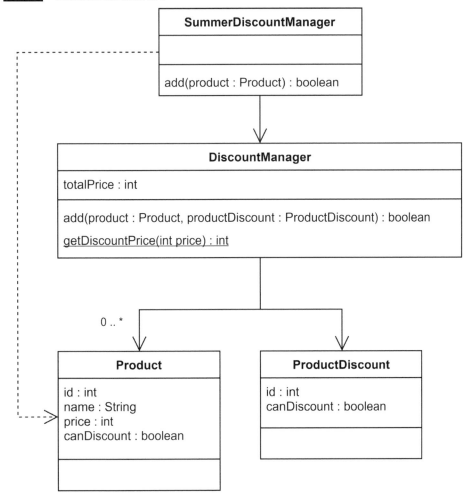

　　SummerDiscountManager.add() 函式會執行以下操作。雖然有些差異，但基本上和 DiscountManager.add() 的功能差不多。

● 檢查 product 是否為無效值。

● 由於折扣金額和一般折扣同樣為 300 圓，因此**挪用 DiscountManager.getDiscountPrice()** 來計算折扣後的價格。

- 如果 Product.canDiscount 顯示可以折扣，就把總額加上折扣後價格；若不能折扣則加上一般價格。

- 若總額不超過 30,000 圓，就把商品加入清單。

8.1.1 發生各式各樣的 bug

過了一段時間後，這個折扣服務出現了各種問題。期間另有規格更動：

- 一般折扣的折扣金額從 300 圓變更為 400 圓。

DiscountManager 的實作負責人把計算折扣的 DiscountManager.getDiscountPrice() 做了如下的修改。

✖ 程式8.3　更改折扣金額的規格

```
static int getDiscountPrice(int price) {
  int discountPrice = price - 400; // 從 300 改為 400
  if (discountPrice < 0) {
    discountPrice = 0;
  }
  return discountPrice;
}
```

結果夏季折扣服務的折扣金額也變成 400 圓了。這是因為負責夏季折扣服務的 SummerDiscountManager 挪用了 DiscountManager.getDiscountPrice()。

此外，還出現了表 8.1 的其他 bug。

表8.1 折扣服務中出現的 bug

bug	原因
可以把價格為負數的商品加到夏季折扣中。	在 SummerDiscountManager.add() 沒有檢查負數價格。
已經將商品設定為折扣項目，卻無法適用折扣。	ProductDiscout.canDiscount 和 Product.canDiscount 相互混淆、誤用。

8.1.2　功能實作的位置不一致

這個折扣服務的問題在於放置功能的位置，列舉如下。

● DiscountManager 除了檢查商品資訊外，還會執行折扣後價格的計算、判斷是否適用折扣、檢查總額上限等多項程序。SummerDiscountManager 也一樣。

● 應該屬於 Product 自身的驗證功能，卻實作在 DiscountManager 和 SummerDiscountManager 中。

● ProductDiscout.canDiscount 和 Product.canDiscount 的名稱非常相似，很難理解到底是與一般折扣還是夏季折扣有關。

● SummerDiscountManager 挪用了 DiscountManager 的一般折扣功能來計算夏季折扣後的價格。

就像這樣，各種功能的位置亂七八糟的。有的類別要處理一大堆事情，有的卻什麼功能都沒有，還有類別硬是把其他類別的函式搶來用。

這樣的類別就是所謂**缺乏職責意識的類別**。

8.1.3　單一責任原則

這一節要解釋軟體設計的「單一責任原則」，因此會使用「責任」一詞代替前面提到的「職責」。字典裡的「責任」是指「所應做的本分」[註2]。雖然和「職務」的意義不太一樣，但在軟體設計上是相似的概念。

責任這個詞在生活中常會提到。如果一個人因為消費沒有節制而被債務追著跑，人們會說：「他必須自己負起責任」、「財務的計劃和管理是每個人自己的責任」等等。

責任通常會對應到**應該負責的人**以及**責任所涉及的範圍**。軟體也是這樣的。

軟體需要處理各種事項，像是資訊顯示、金額計算、資料庫等等。舉例來說，如果在資訊顯示上發現 bug，會去檢查資料庫的程式碼嗎？通常不會這麼做吧。確保資訊顯示正確的責任，屬於處理資訊顯示的程式碼，與處理資料庫的部分無關。

由此可知，在軟體中的責任可以理解為「確保某項功能不會出現異常、可以正常運作的責任」。

提到責任之後，就一定要介紹**單一責任原則**（single responsibility principle），也就是「一個類別應該只擔負一個責任」的設計原則。根據這個原則來檢查之前的折扣服務程式碼，就能發現原本看不見的惡魔。

8.1.4　違反單一責任原則而誕生的惡魔

DiscountManager.getDiscountPrice() 是負責計算一般折扣價格的函式，並不負責處理夏季折扣價格。然而，它在這裡卻承擔了兩項責任，違反單一責任原則。如果隨隨便便就把這個函式用在別的地方，那其

註2　出自教育部《重編國語辭典修訂本》。

中一個折扣的規格變更時，另一個也會被同時修改，導致 bug 產生。

　　還有，判斷商品名稱和價格是否異常的責任，應該由保管這些資料的
Product 類別來負責。但 Product 並沒有承擔任何責任，是一個不成熟
的類別。

　　反而是 DiscountManager 等類別，居然代替 Product 類別檢查了
變數值，做了超出自己責任範疇的事情，就像過度保護的直升機家長。這
種像直升機家長一樣的類別攬下了其他類別的責任，會導致其他類別變得
不成熟。這種設計會大量製造出檢查變數值的重複程式碼。

8.1.5　設計單一責任類別

　　想要消滅這些因為違反單一責任原則而誕生的惡魔，最重要的就是設
計出只負責一項責任的類別。我們用折扣服務的一部分功能來解釋，如何
設計出符合單一責任原則的類別。

　　這次作為範例的是 RegularPrice 類別，用於管理商品的定價（程
式 8.4）。為了防止價格出現無效值，其中加入了驗證功能。這個類別結
構必須對「定價」負起責任。與程式 3.18 的 Money 類別相同，這也是一
個值物件。由於驗證功能內聚在 RegularPrice 類別內部，因此可以避
免驗證的程式碼發生重複。

8.4 定價類別

```
class RegularPrice {
  private static final int MIN_AMOUNT = 0;
  final int amount;

  RegularPrice(final int amount) {
    if (amount < MIN_AMOUNT) {
      throw new IllegalArgumentException("價格小於 0。");
    }
```

```
    this.amount = amount;
  }
}
```

一般折扣價格和夏季折扣價格,也都分別創建類別來負責。下面的
RegularDiscountedPrice 和 SummerDiscountedPrice 也會設計為值
物件。

⭕ 程式 8.5 一般折扣價格類別

```
class RegularDiscountedPrice {
  private static final int MIN_AMOUNT = 0;
  private static final int DISCOUNT_AMOUNT = 400;
  final int amount;

  RegularDiscountedPrice(final RegularPrice price) {
    int discountedAmount = price.amount - DISCOUNT_AMOUNT;
    if (discountedAmount < MIN_AMOUNT) {
      discountedAmount = MIN_AMOUNT;
    }

    amount = discountedAmount;
  }
}
```

⭕ 程式 8.6 夏季折扣價格類別

```
class SummerDiscountedPrice {
  private static final int MIN_AMOUNT = 0;
  private static final int DISCOUNT_AMOUNT = 300;
  final int amount;

  SummerDiscountedPrice(final RegularPrice price) {
    int discountedAmount = price.amount - DISCOUNT_AMOUNT;
    if (discountedAmount < MIN_AMOUNT) {
      discountedAmount = MIN_AMOUNT;
    }
```

```
    amount = discountedAmount;
  }
}
```

圖 8.3 仔細為概念不同的金額設計相應的類別

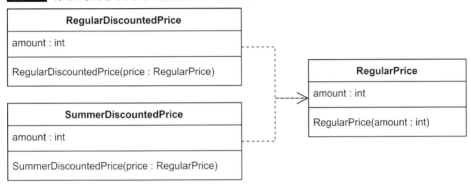

　　類別要根據一般折扣價格和夏季折扣價格的不同責任分開設計（圖 8.3）。如此一來，即使任一折扣價格的規格改變，彼此之間也互不影響。這樣的結構將各種功能分離、獨立，稱為**疏耦合**，也就是和密耦合相反的結構。設計軟體時就以疏耦合為目標吧。

8.1.6 DRY 原則的誤用

　　直覺敏銳的讀者可能已經注意到了，RegularDiscountedPrice 和 SummerDiscountedPrice 的程式碼幾乎是相同的。除了折扣價格 DISCOUNT_AMOUNT 的值以外，兩者之間沒有其他區別。讀者可能會想：「這不就是重複的程式碼嗎？」

　　然而，要是把規格改為「夏季折扣的價格是標準價格打 8 折」的話呢？SummerDiscountedPrice 的內容就會和 RegularDiscountedPrice 不同。

　　因此，即使程式碼看起來相似，也應該先評估實際上負責的職責是否相同，才能進行合併，否則就可能導致一個類別身兼多職的狀況。就像發生在 `DiscountManager.getDiscountPrice()` 中的問題，修改其中一邊的折扣金額會影響另一個折扣金額。

　　有一個稱為 **DRY 原則**（Don't Repeat Yourself）的軟體設計原則。某些人對 DRY 原則的解釋是「不允許程式碼重複」，這樣的說法似乎很普遍，不過原著《The Pragmatic Programmer: From Journeyman to Master》裡則是這麼說[註3] [註4]：

> 每一項系統內的知識，都必須有單一、明確、可靠的表現形式。
>
> （Every piece of knowledge must have a single, unambiguous, authoritative representation within a system.）

　　究竟什麼是知識呢？我們可以從不同的層級、技術層面等觀點來定義，其中之一是軟體所處理的業務知識。

　　業務知識，指的是軟體處理專業事務所需要的概念。

　　例如，在電商網站中，「折扣」、「願望清單」、「聖誕節活動」等等就是業務概念；而在遊戲軟體中，「生命值」、「攻擊力」、「道具」等等也是業務概念。

　　一般折扣和夏季限定折扣是兩個不同的概念，而 DRY 所規定不應重覆的最小單位就是像這樣的概念。**就算是看起來相同或相似的程式碼，只要代表的概念不同，就不適用於 DRY。**如果強行在概念不同的程式碼套用 DRY 的話，反而會導致密耦合，使得程式碼無法遵守單一責任原則。

註3　《The Pragmatic Programmer: From Journeyman to Master》Andrew Hunt, David Thomas 著、1999 年。

註4　順帶一提，OAOO 原則（Once and Only Once）才是不允許程式碼重複的原則。

8.2 密耦合的案例和解決方案

密耦合有很多種不同的成因。接下來，我們將介紹密耦合的不同情境和應對方法。

8.2.1 伴隨繼承（inheritance）而來的密耦合

如果處理繼承（inheritance）時不夠謹慎，很容易就會陷入密耦合的困境。首先要強調本書的立場是，**處理繼承時只要稍有大意，就會非常危險，因此不推薦使用。**

繼承是許多物件導向教學都會介紹的概念。在初學書籍學到之後，有些人可能就會輕率地實作在程式中。

然而，資深工程師社群卻有部分意見對繼承有所質疑、認為繼承很危險。究竟繼承有哪些害處呢？

親類別（superclass）依賴

下面以遊戲為例來說明。假設規格中將攻擊分為單次攻擊和連續兩次的攻擊，實作這個規格的類別就是下面的 PhysicalAttack。

程式8.7 物理攻擊類別

```
class PhysicalAttack {
  // 回傳單次攻擊的傷害值
  int singleAttackDamage() { ... }

  // 回傳連續攻擊的傷害值
  int doubleAttackDamage() { ... }
}
```

此外，「武鬥家」這種角色的物理攻擊有特殊的規格，在單次攻擊和連續攻擊都會增加額外傷害。這邊以繼承 PhysicalAttack 的方式實作了新的類別。

程式 8.8　武鬥家的物理攻擊類別（繼承版）

```
class FighterPhysicalAttack extends PhysicalAttack {
  @Override
  int singleAttackDamage() {
    return super.singleAttackDamage() + 20;
  }

  @Override
  int doubleAttackDamage() {
    return super.doubleAttackDamage() + 10;
  }
}
```

圖 8.4　乍看之下是合理的繼承邏輯，但好像哪裡不對……？

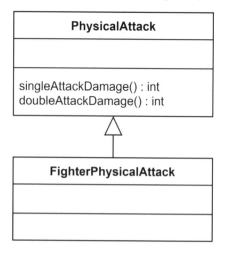

新類別把 singleAttackDamage() 和 doubleAttackDamage() 函式都覆寫了。一開始這個做法還能正常運作，不過某天出現了傷害值不符合規格的問題。原本武鬥家的連續攻擊應該只增加 10 點傷害值，但實際上卻增加了 50。

調查後發現，在親類別 PhysicalAttack 中，doubleAttackDamage() 的設計被修改為「執行兩次 singleAttackDamage()」。本來 doubleAttackDamage() 應該是獨立的傷害值計算流程，可是由於改成呼叫 singleAttackDamage()，就導致在 FighterPhysicalAttack 裡覆寫的 singleAttackDamage() 執行了兩次，裡面的 20 被多加了兩次，使得最終的傷害值與規格不符。

這樣的繼承關係會產生出子類別極度依賴親類別的結構，也就是「親類別依賴」。

子類別必須持續注意親類別的設計。如果不仔細注意親類別的變化，就會像這個物理攻擊的例子一樣，由於親類別的變更而導致 bug。相反地，親類別可以自由更改，不需要顧慮子類別的狀況也能讓自己正常運作。在這種關係之下，子類別就會很容易受到破壞。

複合優於繼承（Composition over Inheritance）

為了避免繼承所導致的親類別依賴與密耦合，通常會推薦**使用複合（composition）來取代繼承**。和繼承不同，複合結構不是把想要使用的類別當作親類別進行繼承，而是像程式 8.9 所示，以 private 成員變數的形式納入，再進行呼叫。

程式8.9 武鬥家的物理攻擊類別（複合版）

```
class FighterPhysicalAttack {
  private final PhysicalAttack physicalAttack;

  // 省略

  int singleAttackDamage() {
    return physicalAttack.singleAttackDamage() + 20;
  }
}
```

```
  int doubleAttackDamage() {
    return physicalAttack.doubleAttackDamage() + 10;
  }
}
```

圖8.5 較不易被其他更動影響的複合結構

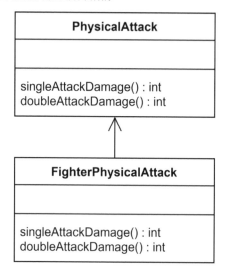

改為複合結構之後，即使修改 PhysicalAttack 的規格，FighterPhysicalAttack 也不會再受到影響（圖 8.5）。

繼承造成的不當共用

繼承可以讓子類別使用親類別的內容，因此親類別常用於存放共用的功能。我們舉一個粗暴地使用繼承來共用功能，因而導致密耦合與混亂的不良範例。

程式 8.5、8.6 的一般折扣和夏季限定折扣，若使用繼承結構，可能就會實作出像程式 8.10、8.11、8.12 的程式碼。但是基底類別（base class）之中的 getDiscountedPrice() 函式負擔了一般折扣和夏季限定折扣的雙重責任，違反了單一責任原則，因此這不是一種好的實作。

✗ 程式8.10 使用基底類別（base class）的不當共用

```
// 折扣的抽象基底
abstract class DiscountBase {
  protected int price;    // 原始值

  // 回傳折扣後的價格
  int getDiscountedPrice() {
    int discountedPrice = price - 300;
    if (discountedPrice < 0) {
      discountedPrice = 0;
    }
    return discountedPrice;
  }
```

✗ 程式8.11 一般折扣（繼承版）

```
class RegularDiscount extends DiscountBase {
  ...
}
```

✗ 程式8.12 夏季折扣（繼承版）

```
class SummerDiscount extends DiscountBase {
  ...
}
```

這時如果需要將一般折扣的規格變更為「每件商品折扣 400 圓」，
那麼程式碼應該如何調整呢？有些人可能會像程式 8.13 一樣，在繼承的
RegularDiscount 中覆寫 getDiscountedPrice() 函式。

✗ 程式8.13 用覆寫的方式來修改規格

```
class RegularDiscount extends DiscountBase {
  @Override
  int getDiscountedPrice() {
    int discountedPrice = price - 400;
    if (discountedPrice < 0) {
      discountedPrice = 0;
    }
```

```
  return discountedPrice;
 }
```

不過 DiscountBase.getDiscountedPrice() 和 RegularDiscount.getDiscountedPrice() 的內容其實只有折扣金額（300 圓和 400 圓）不同，其他部分都一樣。有些人可能就會繼續追求程式碼共用，進一步像程式 8.14 和程式 8.15 那樣進行「改善」。

✗ 程式8.14 除了折扣金額以外都共用基底類別的函式

```java
abstract class DiscountBase {
 // 省略

 int getDiscountedPrice() {
   int discountedPrice = price - discountCharge();
   if (discountedPrice < 0) {
     discountedPrice = 0;
   }
   return discountedPrice;
 }

 // 折扣金額
 protected int discountCharge() {
   return 300;
 }
}
```

✗ 程式8.15 在繼承側只覆寫有差異的部分（折扣金額）

```java
class RegularDiscount extends DiscountBase {
 @Override
 protected int discountCharge() {
   return 400;
 }
}
```

這種作法是把折扣金額製作成 `discountCharge()` 函式並分離出來，在 `RegularDiscount` 裡面再覆寫。可是，要實作覆寫的 `discountCharge()`，就需要先知道基底類別中 `getDiscountedPrice()` 的內容，也就是說相關知識並未集中在單一類別，而是分散在基底和繼承兩端，這並不是理想的設計。

如果之後還要把夏季限定折扣的規格變更為「每件商品折扣 5%」，那該怎麼做呢？有些人會採用程式 8.16 的方式，在 `SummerDiscount` 進行覆寫。

✖ 程式8.16 完全蓋過基底函式的覆寫

```
class SummerDiscount extends DiscountBase {
  @Override
  int getDiscountedPrice() {
    return (int)(price * (1.00 - 0.05));
  }
}
```

雖然這樣仍然可以運作，但對於 `SummerDiscount` 來說，`DiscountBase.discountCharge()` 就變得毫無關聯了。這種「和某些繼承類別有關，又和其他繼承類別無關」的基底函式，本身的存在就是一個問題。我們會搞不清楚程式碼究竟從哪裡到哪裡是相關的，很難追蹤原本的設計邏輯，這會在 debug 和修改規格時造成困擾。

更糟糕的是程式 8.17 的情況。

✖ 程式8.17 在基底類別中實作繼承方的功能

```
abstract class DiscountBase {
  // 省略

  int getDiscountedPrice() {
    if (this instanceof RegularDiscount) {
      int discountedPrice = price - 400;
```

```
  if (discountedPrice < 0) {
    discountedPrice = 0;
  }
  return discountedPrice;
} else if (this instanceof SummerDiscount) {
  return (int)(price * (1.00 - 0.05));
}
```

居然在基底類別用 instanceof 判斷是一般折扣還是夏季限定折扣，再進行折扣金額的計算。

使用繼承的用意是為了實作不同的行為和表現。程式行為的切換通常會透過策略模式等實作減少條件判斷，但這裡卻用 instanceof 檢查繼承類別的型別來進行分支處理，反而增加了條件判斷。此外，一般折扣和夏季限定折扣的功能應該分別封裝在 RegularDiscount 和 SummerDiscount 中，但這裡卻被實作在基底類別，導致同一項知識分散兩處。如果其他負責人需要處理折扣金額的 bug ，就可能會感到困惑：「奇怪，夏季折扣金額到底是在哪計算的？」或是「為什麼基底類別裡會有計算夏季折扣的程式碼！？」

精巧設計的繼承也可以運作得很精巧，例如稱為 Template Method 的設計模式等等。然而，就像剛才提到的各種不良案例，繼承可能引出密耦合、結構混亂等許多惡魔，因此真的需要非常謹慎的設計。

總之，應該要避免拙劣的繼承設計，專注於單一職責原則才是最重要的。使用繼承之前，先想想是否可以用值物件或複合結構重新設計吧。

8.2.2　將成員變數依功能拆分為類別

程式 8.18 是虛構的電商網站程式碼。

程式8.18 類別裡塞滿不同職責的函式

```
class Util {
  private int reservationId;          // 商品的預訂 ID
  private ViewSettings viewSettings;  // 畫面顯示設定
  private MailMagazine mailMagazine;  // 電子報

  void cancelReservation() {
    // 使用 reservationId 取消預訂
  }

  void darkMode() {
    // 使用 viewSettings 將螢幕切換為夜間模式
  }

  void beginSendMail() {
    // 使用 mailMagazine 發送郵件
  }
}
```

cancelReservation() 是取消預訂、darkMode() 是切換夜間模式、beginSendMail() 是發送郵件，每個函式在 Util 類別中都有不同的責任。

同一個類別中放入不同職責的函式容易導致混亂，因此不應該這樣設計。

仔細看可以發現每個函式都會用到某個成員變數。cancelReservation() 會用到 reservationId、darkMode() 會用到 viewSettings、beginSendMail() 會用到 mailMagazine，各有所屬。函式和成員變數都是一對一的依賴關係，也就是說各函式之間互不依賴。

把 Util 類別的結構圖像化如圖 8.6 會更好理解。為了解決密耦合，接下來就要將它們分離開來（圖 8.7）。

圖 8.6 彼此沒有關聯的功能混雜在同一個類別中

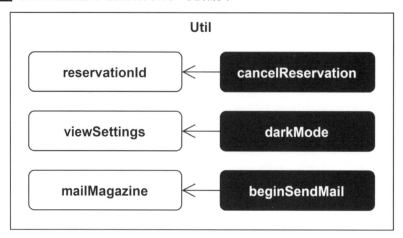

圖 8.7 按照關聯性區分為不同的類別

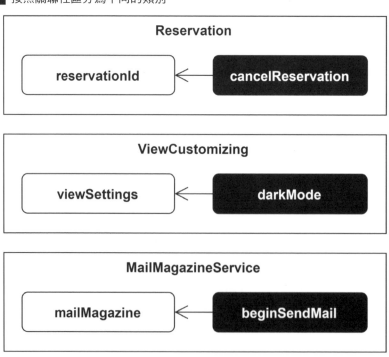

因此，Util 類別被分為以下 3 個類別。

程式 8.19 預訂類別

```
class Reservation {
  private final int reservationId;  // 商品的預訂 ID
  // 中略
  void cancel() {
    // 使用 reservationId 取消預訂
  }
```

程式 8.20 顯示介面類別

```
class ViewCustomizing {
  private final ViewSettings viewSettings;  // 畫面顯示設定
  // 中略
  void darkMode() {
    // 使用 viewSettings 將螢幕切換為夜間模式
  }
```

程式 8.21 電子報類別

```
class MailMagazineService {
  private final MailMagazine mailMagazine;  // 電子報
  // 中略
  void beginSend() {
    // 使用 mailMagazine 發送郵件
  }
```

在這個 Util 類別的範例中，依賴關係比較簡單，分離起來相當輕鬆。實際產品的程式碼會更髒、更亂，依賴關係也更複雜。想要有效分離出不同類別，就必須瞭解每個成員變數與函式分別會造成什麼影響。透過圖 8.8 這樣的形式，就可以更清楚地表示這些關係。

圖8.8 影響圖（effect sketch）

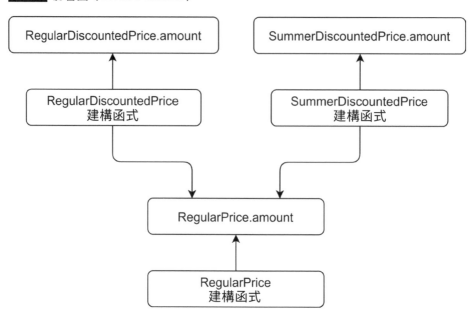

　　像這樣呈現依賴關係的圖稱為**影響圖**（effect sketch，參考自《Working Effectively with Legacy Code》，Michael C. Feathers 著）。影響圖可以用紙筆繪製，也可以使用電腦繪圖工具，不過對於很複雜的程式碼來說，光是下筆都是非常困難的事。

　　有一些程式碼視覺化工具，例如 Jig 等，可以分析程式碼並自動繪製影響圖，需要時可善加利用[註5] [編註] [註6]。

註5　https://github.com/dddjava/jig

編註　Jig 的說明文件為日文。另有其他開源工具，如 Visual Studio Code 的插件 Dependency Graph（https://github.com/sz-p/vscode-dependencyGraph）為英文說明。若需要參考更多類似工具，可搜尋「code visualization」等關鍵字。

註6　商業軟體則有 Scientific Toolworks 公司的 Understand 等。

8.2.3 隨意設置 public 造成的密耦合

使用 public 或 private 這些存取修飾符，可以控制類別和函式的可見性（visibility）。不過如果為了方便而隨意設置 public，就可能會造成密耦合。

以下舉例說明這會在套件之間產生的問題。在遊戲中，有一些數值稱為「隱藏數值」，雖然不會顯示在畫面上讓玩家檢視，但會在遊戲過程產生影響。例如成員之間的好感度就是常見的隱藏數值。

在程式 8.22 中，HitPointRecovery 類別封裝了「用魔法回復生命值」的功能。

程式 8.22 回復生命值的類別

```
package rpg.objects;

/** 回復生命值 */
public class HitPointRecovery {
  /**
   * @param chanter          回復魔法的詠唱者
   * @param targetMemberId   接受回復魔法的成員 ID
   * @param positiveFeelings 成員間的好感度
   */
  public HitPointRecovery(final Member chanter, final int targetMemberId,
final PositiveFeelings positiveFeelings) {
    final int basicRecoverAmount = (int)(chanter.magicPower * MAGIC_
POWER_COEFFICIENT) + (int)(chanter.affection * AFFECTION_COEFFICIENT *
positiveFeelings.value(chanter.id, targetMemberId));
    // 省略
```

建構函式裡會進行回復量的複雜計算。計算中使用了 PositiveFeelings 類別，詳細內容在程式 8.23。這個類別所包含的「知識」是控制成員彼此的好感度，而好感度屬於隱藏數值。在這個規格中，內部好感度會影響回復魔法的回復量。

要注意的是，HitPointRecovery 和 PositiveFeelings 是同一個 rpg.objects 套件內的類別。

程式8.23 控制好感度的類別

```
package rpg.objects;

/**
 * 成員間的好感度
 * 取得或調整 subject 對 target 的好感度。
 * subjectId 和 targetId 表示 subject 和 target 對應的成員 ID。
 */
public class PositiveFeelings {
  /**
   * @return 好感度
   * @param subjectId 欲查詢好感度的成員 ID
   * @param targetId 好感度對象的成員 ID
   */
  public int value(int subjectId, int targetId) { ... }

  /**
   * 增加好感度。
   * @param subjectId 欲增加好感度的成員 ID
   * @param targetId 好感度對象的成員 ID
   */
  public void increase(int subjectId, int targetId) { ... }

  /**
   * 減少好感度。
   * @param subjectId 欲減少好感度的成員 ID
   * @param targetId 好感度對象的成員 ID
   */
  public void decrease(int subjectId, int targetId) { ... }
```

可是，控制戰鬥畫面的 BattleView 類別，卻呼叫了 PositiveFeelings，導致好感度發生變化。

程式8.24 應該在內部處理的類別卻被其他套件的類別呼叫

```java
package rpg.view;
import rpg.objects;

/** 戰鬥畫面 */
public class BattleView {
  // 中略

  /** 開始播放攻擊動畫 */
  public void startAttackAnimation() {
    // 中略
    positiveFeelings.increase(member1.id, member2.id);
```

　　PositiveFeelings 是一個隱藏的數值，我們不希望在畫面上顯示，更不希望受到外部的控制。這是一個應該保持在內部控制的類別。

　　BattleView 位於 rpg.view 套件，和 PositiveFeelings 不同，但 BattleView 卻可以存取 PositiveFeelings。原因就是 PositiveFeelings 最初被宣告為 public，因此可以從其他套件存取。如果一個專案由許多不同的團隊共同開發，public 類別就很容易被不知情的其他團隊誤用。

　　像這樣隨意宣告 public，就會導致不希望產生關聯的類別互相結合，擴大影響的範圍。最終會形成難以維護的密耦合結構。

　　為了避免密耦合，應該要妥善設置存取修飾符，控制可見性（表 8.2）。

表8.2 Java 的存取修飾符

存取修飾符	說明
public	可以從所有的類別存取
protected	可以從相同的類別或繼承類別存取
無	只能從相同套件存取，稱為 package private
private	只能從相同的類別存取

　　PositiveFeelings 類別應該使用哪種存取修飾符呢？我們需要在同一個 rpg.objects 套件裡的 HitPointRecovery 類別呼叫，但又不希望其他套件拿去使用。在這種情況下應該不要使用存取修飾符，也就是使用 package private 是最適當的。

　　許多程式語言和框架都可以省略修飾符，視為使用預設設定，只有與預設不同的情況才需要明確指定[7]。可是為什麼存取修飾符的預設狀態會是 package private 呢？

　　這是因為 package private 普遍來說最適合用於避免套件之間不恰當的互相依賴。套件的用途，就是在設計時將密切相關的類別放在同一個套件內，同時確保與套件外的類別保持疏耦合的狀態。為了達到這個目的，我們需要限制外部的存取權限，因此 package private 就成為最合適的選擇。只有真正希望對外公開的類別，才會有限度地設為 public。若是以疏耦合為目標，就應該明白 public 不應作為預設的狀態。

　　然而在實際情況中，即使知道是不該設為 public 的情況，public 卻還是被嚴重濫用[8]。為什麼 public 如此廣泛地被視為理所當然呢？筆者猜測，可能原因之一是許多程式設計的入門書籍或網站都將 public 視為標準寫法。這些入門教學的主要用意是讓初學者瞭解程式語言，而不是強調理想的設計方法。初學者不會意識到這樣的教學考量，只看到充滿 public 的程式碼，自然就學到「寫 public 很正常，是一種標準的作法」，結果可想而知，就是寫出大量的 public 宣告[9]。

註7　這是一種稱為「約定優於配置（convention over configuration）」的概念。

註8　在 C# 設置 package private 的存取修飾符是 internal，如果省略不寫，也會預設為 internal。筆者有豐富的 C# 經驗，據筆者觀察，很少見到適當使用 internal 的案例。多數情況下，類別的存取修飾符都是設為 private 或 public。觀察同事的實作方式，也發現許多人會在剛創建類別時就直接設為 public。

註9　這並不是說入門教材的內容不好。只是套件設計的難度較高，對於以語法說明為主軸的教材而言，很難妥善解釋。如何在初學者課程中講述可見性控制的議題，確實是個難以處理的兩難。

類別可見性的設定應該預設為使用 package private。只有需要在套件外公開的類別,才可以有限度地使用 public 宣告。

⬤ 程式8.25 使用 package private 宣告的 PositiveFeelings 類別

```
package rpg.objects;

// 省略存取修飾符
// 可見性會設為 package private
// 只能從套件內存取
class PositiveFeelings {
  int value(final int subjectId, final int targetId) { ... }

  void increase(final int subjectId, final int targetId) { ... }

  void decrease(final int subjectId, final int targetId) { ... }
```

圖8.9 原則上使用 package private,非必要就不設為 public

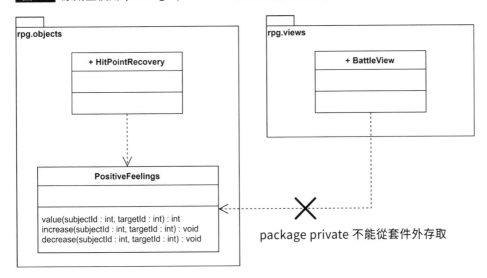

package private 不能從套件外存取

8.2.4　到處都是 private 函式

隨著軟體功能擴充，類別會變得越來越龐大。龐大的類別之中往往會定義很多的函式。

✕ 程式 8.26 結帳服務類別

```
class OrderService {
  // 中略
  private int calcDiscountPrice(int price) {
    // 計算折扣價格
  }

  private List<Product> getProductBrowsingHistory(int userId) {
    // 取得商品瀏覽紀錄
  }
}
```

OrderService 是一個虛構的電商網站裡處理結帳功能的類別。

在結帳的時候，顧客可能會想要使用折扣、或是從商品的瀏覽紀錄把商品加入購物車。設計這些情況的處理方式時，常常會在現有的結帳功能類別中直接寫入像 calcDiscountPrice() 和 getProductBrowsingHistory() 這樣的函式。

然而從職責的角度考慮的話，折扣價格和瀏覽紀錄的職責是無關於結帳功能的。

這樣的結構有時會變得非常扭曲，例如在處理預約功能時也需要計算折扣，就在預約的類別呼叫結帳類別裡的折扣計算功能，3 種應該彼此獨立的功能糾纏在一起。為了避免這樣扭曲的依賴關係，很多人會把這些功能都實作為 private 函式，確保其他類別無法呼叫。

不過根據筆者的經驗，放了許多 private 函式的類別通常不只有一個職責，而是擔負好幾個職責。本來應該屬於不同職責的功能，卻以 private 函式的形式實作在同一個類別裡面。

比較好的做法是把不同職責的函式分離到不同的類別[註10]。例如，折扣價格可以由 DiscountPrice 類別處理，商品瀏覽紀錄可以由 ProductBrowsingHistory 類別處理。

8.2.5　對高內聚的誤解所產生的密耦合

我們再舉一個和功能擴充、類別膨脹相關的密耦合案例。前面提過，高內聚的結構指的是把高度相關的資料和功能組織在同一個地方。但是對高內聚的誤解，卻會導致密耦合的情況。

假設有一個名為 SellingPrice 的售價類別，如程式 8.27 所示。

程式 8.27 售價類別

```
class SellingPrice {
  final int amount;

  SellingPrice(final int amount) {
    if (amount < 0) {
      throw new IllegalArgumentException("價格小於 0。");
    }
    this.amount = amount;
  }
}
```

開發持續進行的途中，可能會像程式 8.28 一樣，陸續添加各種計算功能。

註10　不只是 private 函式，也要注意 public 或其他函式是否為不同職責範疇的功能。

程式 8.28 陸續加入會用到售價的計算函式

```
class SellingPrice {
  // 省略

  // 計算手續費
  int calcSellingCommission() {
    return (int)(amount * SELLING_COMMISSION_RATE);
  }

  // 計算運費
  int calcDeliveryCharge() {
    return DELIVERY_FREE_MIN <= amount ? 0 : 500;
  }

  // 計算獲得的紅利點數
  int calcShoppingPoint() {
    return (int)(amount * SHOPPING_POINT_RATE);
  }
}
```

這些函式會用售價來計算手續費和運費。某些稍微瞭解內聚性的工程師可能會把這些函式加到 SellingPrice 類別中，因為他們認為「手續費和運費都和售價有密切的關聯」。但把售價和其他不同概念混在一起，其實是造成密耦合。

calcShoppingPoint() 處理的是紅利點數，很明顯與售價是不同的概念。同樣地，calcDeliveryCharge() 的運費和 calcSellingCommission() 的手續費，概念也與售價不同。如果把紅利點數和運費等不同於售價的功能混入售價的類別，就會很難知道什麼功能會寫在什麼地方。

「希望達成高內聚，於是把密切相關的功能集中到同一個地方，結果卻淪為密耦合」，這是非常常見的情形。任何人都可能落入這樣的陷阱。相關的功能應該集中（高內聚），但不同的概念就應該分離（疏耦合），因此設計理論經常會把**疏耦合高內聚**作為一組標語。

　　如程式 8.29、8.30 和 8.31 所示,每個概念都要仔細地設計為值物件。如果想用某個概念的值來計算另一個概念的值,可以像 SellingCommission 類別的建構函式一樣,把計算所需的值(例如售價 sellingPrice)當作函式的引數來傳遞。

程式8.29 手續費的類別

```
class SellingCommission {
  private static final float SELLING_COMMISSION_RATE = 0.05f;
  final int amount;

  SellingCommission(final SellingPrice sellingPrice) {
    amount = (int)(sellingPrice.amount * SELLING_COMMISSION_RATE);
  }
}
```

程式8.30 運費的類別

```
class DeliveryCharge {
  private static final int DELIVERY_FREE_MIN = 2000;
  final int amount;

  DeliveryCharge(final SellingPrice sellingPrice) {
    amount = DELIVERY_FREE_MIN <= sellingPrice.amount ? 0 : 500;
  }
}
```

程式8.31 紅利點數的類別

```
class ShoppingPoint {
  private static final float SHOPPING_POINT_RATE = 0.01f;
  final int value;

  ShoppingPoint(final SellingPrice sellingPrice) {
    value = (int)(sellingPrice.amount * SHOPPING_POINT_RATE);
  }
}
```

　　進行高內聚設計時,務必注意是否混入了其他概念,造成密耦合。

圖 8.10 仔細區分類別，達成疏耦合

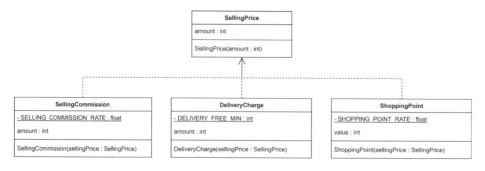

8.2.6　Smart UI

在有關顯示介面的類別裡實作顯示以外的功能，這種結構就稱為 smart UI。

例如在開發初期，可能會為了迅速推出服務而把複雜的金額計算或條件判斷實作在前端的程式碼。問題在於，未來想要重新設計顯示介面的時候就會出現麻煩。如果想要完全改變介面設計，又要維持原先的功能，那該怎麼辦才好呢？複雜的金額計算等功能已經混入前端程式碼，不慎處理就可能導致原本正常運作的功能出現 bug，必須非常小心地修改才能確保功能不受影響。Smart UI 會造成顯示介面和其他功能的密耦合，使得改動變得很困難。

有餘裕的話，還是盡可能把負責顯示介面的程式碼和其他程式碼分別放在不同的類別吧[註11]。

註11 分離介面和其他功能的一種典型架構是 MVVM 模式。

8.2.7 巨型資料類別

1.3 節提到的資料類別成長得非常巨大，就是**巨型資料類別**，裡面有大量的成員變數。

✕ 程式 8.32

```
public class Order {
  public int orderId;                        // 訂單 ID
  public int customerId;                     // 客戶 ID
  public List<Product> products;             // 訂單商品列表
  public ZonedDateTime orderTime;            // 訂單日期時間
  public OrderState orderState;              // 訂單狀態
  public int reservationId;                  // 預訂 ID
  public ZonedDateTime reservationDateTime;  // 預訂日期時間
  public String deliveryDestination;         // 收件地址
  // ... 其他更多的成員變數
```

舉例來說，電商網站的訂單類別 Order 在建立訂單到送貨的整個過程中都可能用到，如果缺乏規劃就實作，就容易成為各種資料的儲存地點。此外，因為被當作「方便的資料搬運工」，還可能被進一步塞進更多資料，變得越來越龐大。

不同於一般的資料類別，巨型資料類別會引來更多惡魔，非常邪惡。

電商網站中有建立訂單、預訂、送貨等多種使用情境。在每個使用情境中，應該都只需要修改相關的資料即可。可是在這種結構之下，就能修改其他無關的資料，例如處理預訂事項的情境中也可以修改送貨的 deliveryDestination 等資料。若不小心修改到，就可能導致 bug。

巨型資料類別包含各式各樣的資料，因此在很多情境都會被拿去使用，這會讓這種類別產生全域變數的性質。程式碼在執行時會出現互斥鎖（mutual exclusion），導致性能下降，造成類似全域變數的危害（有關全域變數的危害請參考 9.5 節）。

8.2.8　業務腳本模式

程式 8.1 的 `DiscountManager.add()` 函式裡面寫了一大串的處理程序，像這樣的結構就稱為**業務腳本模式**[註12]。

如果儲存資料的類別和處理資料的類別分開設計，通常就會實作出業務腳本模式。這種設計模式可以處理規模很小、開發人員很少的專案，但只要規模稍大，函式就容易變得很冗長，甚至會有數百行的龐大函式。這樣的結構內聚度低、耦合度高，非常難以修改。

8.2.9　上帝類別

若業務腳本模式的病情加重，就會演變成上帝類別。

所謂**上帝類別**（God class），指的是一個類別內含有數千到數萬行程式碼，所有職責都雜亂無章地互相交錯[註13]。

儘管被反諷為「上帝」類別，但這種類別其實是所有惡魔的巢穴，是密耦合的化身。上帝類別會**剝奪開發者的時間，降下巨量的工作與疲勞**，具有令人畏懼的力量。

光是要區分上帝類別裡的各行程式碼到底與什麼職責有關，就已經是非常困難的事情。更改規格時需要從這數千到數萬行的程式碼裡尋找該修改的地方，更是耗費心力[註14]。

註12　也有人稱之為程序式程式設計。

註13　上帝類別又稱為全知類別（all-knowing class）。若是嚴重缺乏設計的狀況，也會稱為大泥巴團（big ball of mud）。

註14　筆者曾多次面對上帝類別。要找出所有規格變更後會影響的部分，通常需要 3 到 4 天，更慘的狀況甚至需要 1 到 2 週。

調查影響範圍時，也很容易發生遺漏，這當然會導致 bug。修復 bug 之後，又會發現遺漏的地方，然後再嘗試修復，最後會變成像這樣的循環作業，簡直就像在打地鼠。如果有 bug 幸運地（？）沒被發現而倖存，發布後就可能會造成損失。

程式 3.18 的 Money 類別構造，可以在建構函式中檢測無效值並拋出例外，因此可以立即查明問題的源頭。

但是上帝類別的無效值檢測可能會寫得很雜亂、或是根本沒有寫，要追蹤問題發生的位置會非常困難，需要耗費大量時間來調查。

8.2.10　應對密耦合的方法

巨型資料類別、業務腳本模式、上帝類別，這些密耦合的處理方法都是相同的。也就是根據先前介紹的物件導向設計和單一責任原則，仔細地進行設計。

巨型、密耦合的類別應該依照職責分割成多個類別。雖然不同程式語言會有些許差異，但一般來說，符合單一責任原則的類別程式碼不會超過 200 行，通常是大約 100 行，由一個個這種小型的類別組成整個專案。

此外，提早 return（6.1.1）、策略模式（6.2.7）、一級集合模式（7.3.1）等等本書介紹的方法也都會有幫助。變數採用目標式名稱設計（第 10 章）也有很大的效用[註15]。

註15　在《Working Effectively with Legacy Code》書中有關於處理上帝類別的豐富討論。

MEMO

第 **9** 章

危害設計健全性的
各種惡魔

本章將介紹前面尚未提及的劣質程式碼，以及對應的處理方式。

9.1 死碼（Dead Code）

程式 9.1 的 addSpecialAbility() 函式是永遠不會執行的。

✕ 程式 9.1 死碼

```
if (level > 99) {
  level = 99;
}

// 中略

if (level == 1) {
  // 初始化成員的生命值和裝備等
  initHitPoint();
  initMagicPoint();
  initEquipments();
}
else if (level == 100) {
  // 作為升上 100 等的獎勵，
  // 賦予特殊能力。

  addSpecialAbility();
}
```

這種程式碼無論在任何情況下都不會執行，稱為**死碼**（dead code）。這個惡魔看似無害，卻會帶來各種危險。

首先，程式碼的可讀性會下降。每次開發人員閱讀到死碼附近，都不得不思考一下這何時會執行。此外，留下死碼的原因是什麼？是不是有什麼用意？這些都可能令人感到困惑。

死碼還可能導致未來的 bug。雖然目前的程式流程無法進入，但未來也可能因規格變更，出現可以執行的情況，讓死碼像殭屍一樣復活。如果復活的程式碼與規格不符，就會成為 bug。

圖9.1 死去的程式碼突然攻擊我！

　　一旦發現死碼，就應立即刪除。只要使用 Git[註1]之類的版本控制軟體來管理修改紀錄，就不必擔心程式碼消失的問題[註2]。IDE 的靜態分析（static analysis）功能也可以檢測死碼，非常方便。開發軟體時也應適時利用各種服務和工具。

9.2　YAGNI 原則

　　在小說、電影常常有一種劇情：科學家或技術人員預見未來的風險，做好預備機制以應對危機，並在機制生效時說出「我早就知道會發生這種事！」之類的台詞。

　　在實際的軟體開發中，可能也有人會猜測未來的需求，提前加入相關的功能。然而，提前設計的功能通常很少用到，還可能成為 bug 的源頭，反而化為惡魔。

　　有一個軟體原則名為 **YAGNI**，也就是「You aren't going to need it.」（你用不到這個）。這個原則建議「只在確實有需求的時候才實作」。那麼，如果不遵循 YAGNI 原則而提前實作功能，會發生什麼事呢？

註1　https://git-scm.com/
註2　此處不考慮在 Git 的 repository 執行破壞性操作的情況。

軟體的需求變化非常快，針對尚未確實列出規格的需求進行實作，結果通常都會與實際需求不符。

預測失準而用不到的程式碼就會變成死碼，萬一意外執行到就會成為 bug。而且提前實作的部分往往會讓原本的程式碼變得更複雜，降低可讀性。

通常提前實作只會浪費時間，應該只專注於製作目前需要的功能就好。

9.3　魔法數字（Magic Number）

缺乏解釋的數值會造成開發者的困惑。程式 9.2 是一個虛構的線上漫畫服務的程式碼。

✖ 程式 9.2 魔法數字

```java
class ComicManager {
  // 中略
  boolean isOk() {
    return 60 <= value;
  }

  void tryConsume() {
    int tmp = value - 60;
    if (tmp < 0) {
      throw new RuntimeException();
    }
    value = tmp;
  }
}
```

程式碼的很多地方出現了數字 60，這個數字究竟代表什麼呢？其實這個 60 代表的是「免費試閱漫畫需消耗的點數」。isOk() 函式會判斷是否可以試閱，tryConsume() 則是會消耗試閱點數。如果沒有以上說明的話，幾乎完全無法理解 60 的意思。

　　像這樣直接寫進程式碼、來歷不明的數值被稱為**魔法數字（magic number）** ^編註^。原作者以外的人通常很難知道魔法數字代表什麼意義。另外，相同的魔法數字往往會實作在多處，造成程式碼重複的問題。例如規格將試閱的消耗點數從 60 改為 50，就必須修改所有實作魔法數字的位置。如果有遺漏，就會出現bug。

　　為了避免出現魔法數字，應該將其定義為常數。程式 9.3 示範了將漫畫訂閱點數設計為值物件的程式碼。在 ReadingPoint 類別中，試閱的消耗點數定義為常數 TRIAL_READING_POINT。

◯ 程式9.3 以 static final 常數的名稱表達數值的意義

```
/** 漫畫的試閱點數 */
class ReadingPoint {
  /** 點數的最小值 */
  private static final int MIN = 0;

  /** 試閱的消耗點數 */
  private static final int TRIAL_READING_POINT = 60;

  /** 試閱點數值 */
  final int value;

  /*
  * 漫畫的試閱點數 ReadingPoint 的建構函式。
  * @param value 訂閱點數
  */
  ReadingPoint(final int value) {
    if (value < MIN) {
      throw new IllegalArgumentException();
    }

    this.value = value;
  }
```

編註　這個名稱最早來自於「反平方根快速演算法」，裡面使用了神祕的魔法數字「0x5f3759df」。此演算法的原作者不明，因此至今仍不明白當初為何選用這個數字。

```
/*
* 回傳是否可以試閱。
* @return 若可以試閱就回傳 true
*/
boolean canTryRead() {
  return TRIAL_READING_POINT <= value;
}

/*
* 進行試閱。
* @return 試閱後剩餘的點數
*/
ReadingPoint consumeTrial() {
  return new ReadingPoint(value - TRIAL_READING_POINT);
}

/*
* 增加試閱點數。
* @param point 增加的點數
* @return 增加後的點數
*/
ReadingPoint add(final ReadingPoint point) {
  return new ReadingPoint(value + point.value);
}
```

　　設置常數 TRIAL_READING_POINT 之後，試閱點數的用途變得更容易理解。之後即使更改試閱點數的消耗量，也只需調整 TRIAL_READING_POINT 的值即可，預防了遺漏修改的問題。

　　急著讓服務上線或業務繁忙的時候，許多人會直接使用魔法數字。就算一開始用這樣的寫法來快速確認運作結果，也不要直接把這種魔法數字提交到 repository，務必先替換為常數。

9.4　字串型別執著

下面的程式碼將多個值以逗號分隔的形式儲存在單一個 String 變數中，打算之後再用 split() 函式[註3]來分割並提取這些值。

✖ 程式9.4 在單一 String 變數中儲存多個值

```
// 標籤字串,顯示顏色(RGB),上限字數
String title = " 標題,255,250,240,64";
```

從 CSV 檔讀取資料時，用 split() 來分割字串是可以理解的。但是沒有這種需求時，卻還要把多個含義不同的值塞入一個 String 變數，就顯得非常奇怪，而且用 split() 來處理也會讓程式碼變得不必要地複雜。這種做法會大大降低可讀性。

這種情況是 5.5.1 節提到的「執著於基本資料型別」的極端表現，不只是新增類別，甚至連新增變數也覺得麻煩。

只要是意義不同的值，就應該儲存為不同的變數。

9.5　全域變數

全域變數就是可以從任何地方存取的變數。

✖ 程式9.5 全域變數

```
public OrderManager {
  public static int currentOrderId;
}
```

註3　可以用正規表達式來分割字串的函式。

雖然 Java 的語法中沒有全域變數，但可以像程式 9.5 這樣，把變數宣告為 public static 來實現全域存取。這樣的變數看起來似乎很好用，可以從任何地方存取，但實際的情況恰恰相反。

當許多程式碼都會存取同一個全域變數的值，就很難掌握變數值在何時、何地被改動。如果需要修改的功能會存取全域變數，就必須仔細檢查是否會讓其他存取全域變數的功能產生 bug。

檢查之後，可能會發現需要設計互斥鎖（mutual exclusion）。如果互斥鎖的設計不當，可能導致鎖定時間過長、降低效能（飢餓，starvation），甚至可能導致死結（deadlock）。

並不是只有明確宣告為全域的變數才具備全域變數的「性質」。在 8.2.7 節提到的巨型資料類別，由於包含大量資料，容易被各處存取，也具備全域變數的「性質」。至於互斥鎖對效能的影響，巨型資料類別的問題甚至比全域變數更為糟糕。即使只需鎖定一個成員變數，其他變數也必須一併鎖定，更容易引發飢餓。

設計不周全的系統中經常出現巨型資料類別。**即使沒有使用全域變數，也可能在不知不覺中使用了相當於全域變數的東西**。這是非常常見的陷阱，務必特別注意。

9.5.1　以最小的影響範圍為設計目標

全域變數（以及巨型資料類別）的影響範圍過於廣泛，可以從太多地方存取。

設計的目標應該是讓影響範圍盡可能縮小，讓無關的部分無法互相存取。可以呼叫的範圍越小、越局部化，程式碼就越容易理解，這樣就可以更容易實現正確運作的功能。

想要使用全域變數之前，應該仔細考慮其必要性。實際上需要存取變數的地方可能並不多，可以優先嘗試設計為僅有少數類別有存取權。

9.6 null 問題

　　程式 9.6 是一個遊戲裡的函式，會把所有防具的防禦力相加，回傳防禦力的總合。防具包括頭部、身體和手臂三個部位，每個部位分別由一個防具的 Equipment 類別表示。

✗ 程式9.6 表示防具和防禦力的部分程式碼

```
class Member {
  private Equipment head;
  private Equipment body;
  private Equipment arm;
  private int defence;

  // 中略

  // 回傳所有防具的防禦力總合
  int totalDefence() {
    int total = defence;
    total += head.defence;
    total += body.defence;
    total += arm.defence;
    return total;
  }
```

　　然而，執行這段程式碼時，偶爾會拋出 NullPointerException，導致程式崩潰。這是因為在程式 9.7 中，未裝備防具的狀態表示為 null。

✗ 程式9.7 將未裝備防具的狀態表示為 null

```
class Member {
  // 中略

  // 卸下所有防具
  void takeOffAllEquipments() {
    head = null;
    body = null;
    arm = null;
  }
```

因為預設值是 null，必須先檢查是否出現 null，避免出現例外。

✗ 程式9.8 如果以 null 為預設值，就必須進行 null 檢查

```
class Member {
  // 中略
  int totalDefence() {
    int total = defence;

    if (head != null) {
      total += head.defence;
    }
    if (body != null) {
      total += body.defence;
    }
    if (arm != null) {
      total += arm.defence;
    }

    return total;
  }
```

現在 `totalDefence()` 不會再拋出例外了，可是在其他函式也發現類似的狀況。如果成員變數 body 為 null，程式 9.9 也會拋出例外。

✗ 程式9.9 別的地方也拋出了 null 例外

```
// 顯示身體防具
void showBodyEquipment() {
  showParam(body.name);
  showParam(body.defence);
  showParam(body.magicDefence);
}
```

為了防止程式崩潰，這裡也必須進行 null 檢查。

✕ 程式9.10 結果到處都需要 null 檢查

```
// 表示身體防具
void showBodyEquipment() {
  if (body != null) {
    showParam(body.name);
    showParam(body.defence);
    showParam(body.magicDefence);
  }
}
```

但這樣做真的好嗎？以 null 為預設來設計，就必須到處進行 null 檢查。充斥著 null 檢查的程式碼會變得難以閱讀，而且只要漏掉一個 null 檢查就會造成 bug。

話說從頭，null 到底是什麼呢？最初是因為存取未初始化的記憶體區域會造成控制問題，所以發明了 null 來避免這種情況。null 的功能只是最低限度地防止記憶體存取問題，null 本身應該做為一個無效值來處理。

然而，就像範例中以 null 表示未裝備防具的狀態一樣，許多程式碼都把 null 當作「未設定」的狀態來使用，例如未設置的商品名稱、未設置的收件地址等等。可是正確來說，「什麼都沒有」或「尚未設置」的狀態，應該也能光明正大作為一種狀態，而 null 代表的則是連這種狀態都不存在的情況。使用 null 來表示一個真實存在的狀態，可能會帶來巨大的損失[註4]。

註4 null 的發明者 Antony Hoare 曾於 2009 年提到，null 造成的漏洞和系統崩潰「可能在過去 40 年造成 10 億美元的痛苦與損失」，表示這是當時為了容易實作而犯下的錯誤。

9.6.1　不回傳 null、不傳出 null

為了避免 null 例外或 null 檢查引起的問題，最理想的做法是根本就不要處理 null。具體來說，設計時應滿足以下條件：

● 不回傳 null

● 不傳出 null

不回傳 null 的意思是不把 null 作為函式的回傳值。不傳出 null 則表示不把 null 代入變數或傳入函式。

在防具的例子裡，本來是把未裝備的狀態表示為 null，應該改為 EMPTY（Equipment 型別裡宣告的 static final 成員變數）。

程式9.11 不再用 null 表現「無裝備」

```java
class Equipment {
  static final Equipment EMPTY = new Equipment("無裝備", 0, 0, 0);

  final String name;
  final int price;
  final int defence;
  final int magicDefence;

  Equipment(final String name, final int price, final int defence , final
int magicDefence) {
    if(name.isEmpty()) {
      throw new IllegalArgumentException("無效名稱");
    }

    this.name = name;
    this.price = price;
    this.defence = defence;
    this.magicDefence = magicDefence;
  }
}
```

如果把防具卸下，就代入 EMPTY。

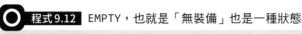 **程式9.12** EMPTY，也就是「無裝備」也是一種狀態

```
// 卸下所有防具
void takeOffAllEquipments() {
  head = Equipment.EMPTY;
  body = Equipment.EMPTY;
  arm = Equipment.EMPTY;
}
```

圖9.2 不使用 null 的狀態設計

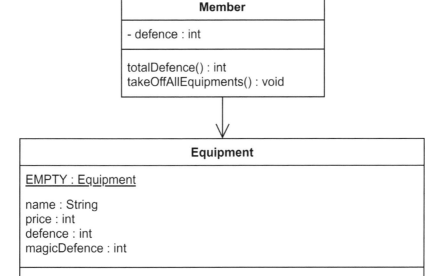

這樣一來，就算沒有裝備，head、body、arm 都一定會是一個 Equipment 物件，不用擔心 null 例外導致程式崩潰，也不需要進行 null 檢查。

9.6.2　null 保險

null 保險（null safety）是一種機制，可以避免 null 引發的錯誤。某些程式語言本身就具有 null 保險的功能。

null 保險的實作之一是 **non-nullable** 型別。non-nullable 型別指的是無法設為 null 的型別。例如 Kotlin 在預設情況下就是 non-nullable，嘗試賦值為 null 的程式碼會引發編譯錯誤（程式 9.13）。

程式9.13 Kotlin 預設為 non-nullable

```
val name: String = null  // 編譯錯誤
```

如果有 null 保險的功能，就應該善加利用，不要強行繞過（某些程式語言可以用特殊的語法強制停用 null 保險）。

9.7　例外的擱置

程式 9.14 是在電子商務網站中預訂商品的程式碼。

✕ 程式9.14 catch 例外卻不執行任何動作

```
try {
  reservations.add(product);
}
catch (Exception e) {
}
```

程式 9.14 的 add() 把商品加入預訂清單時，如果由於某些原因導致預訂失敗，就會拋出例外。不過在這段程式碼中，try-catch 雖然會 catch 到例外，卻不會做任何處理。這稱為**例外的擱置**，是一種極為邪惡的寫法。

9.7.1　一時擱置，全員加班

擱置例外的問題在於，「即使出現錯誤也無法從外部檢測」。

內部可能已經出現資料損壞之類的異常狀態，但從外部看起來一切都正常運作。損壞的資料可能會進一步產生其他損壞的資料，形成連鎖反應。

這樣的異常情況通常不會立即發現，而是在一段時間後由服務的使用者發現並報告。以預訂為例，可能會收到類似「預訂清單的內容很奇怪」或「不開放預訂的商品出現了預訂訂單」等報告。

一旦收到事故報告，開發人員就要調查原因。可是例外被擱置了，所以無法確定是在什麼時間點、由哪段程式碼觸發異常狀態，只能瞪大眼睛仔細檢查資料庫紀錄、各種 log 和相關的程式碼。很可能會嚴重浪費開發人員的時間和精力。

9.7.2　發現問題就該敲鑼打鼓警告

要避免這種可怕的情況，就絕對不能縱容異常狀態。放任異常狀態不管而繼續執行一般流程，就像不知道炸彈的引信已經點燃，還抱在懷裡到處閒晃一樣危險。引信上的火必須立即發現、立即熄滅。

程式執行途中發生的任何問題都不該漏掉，catch 到異常時就應該通知、記錄，必要時執行復原程序。

例外處理的設計方式會隨著應用情境和發生的風險而有所不同，本書不會深入討論。

以商品預訂的例子來說，至少要在 catch 的範圍內實作 log 的記錄，或是要求上層類別執行錯誤通報的程序。

⬤ **程式 9.15** 讓程式碼確實地通報異常

```
try {
  reservations.add(product);
}
catch (IllegalArgumentException e) {
  // 通報異常，記錄 log
  reportError(e);
  // 要求上層類別發出錯誤通報
  requestNotifyError("無法預訂的商品");
}
```

　　在 3.2.1 說明過，建構函式裡的防衛子句也是一種對異常零容忍的設計。只要將無效的資料傳入建構函式，就會拋出例外，帶有無效資料的物件完全無法建立。這樣的結構可以在發現問題時大聲警告，堅強不屈地對抗異常。

9.8　破壞設計秩序的元程式設計

　　可以在執行期間控制自身結構的程式，就稱為元程式（metaprogram）。Java 提供了一種「反射（reflection）」機制，就是元程式設計的技術之一，可以讀取和修改類別的結構。

　　元程式設計可以實現一般程式設計無法實現的存取，這種特技也被一些人稱為「黑魔法」。如果不理解其用法和用途就貿然使用，會有破壞設計的危險。

9.8.1　以反射修改類別結構和值

　　程式 9.16 是在遊戲中表示成員等級的值物件 Level。

程式9.16 表示成員等級的類別

```
class Level {
  private static final int MIN = 1;
  private static final int MAX = 99;
  final int value;

  private Level(final int value) {
    if (value < MIN || MAX < value) {
      throw new IllegalArgumentException();
    }
    this.value = value;
  }

  // 回傳初始等級
  static Level initialize() {
    return new Level(MIN);
  }

  // 提升等級
  Level increase() {
    if (value < MAX) return new Level(value + 1);
    return this;
  }
  // 省略
```

　　這個類別的成員變數 value 加上了 final 修飾符，宣告後無法再更改。另外等級只在 1 ~ 99 的範圍內有效，這是由常數 MIN 和 MAX 決定，並藉由防衛子句排除無效值。升等則是透過 increase() 一次增加 1，沒有可以產生異常等級值的漏洞。

　　然而，程式 9.17 的執行結果卻出乎意料之外。

✖ 程式9.17 用反射覆寫變數值

```
Level level = Level.initialize();
System.out.println("Level : " + level.value);

Field field = Level.class.getDeclaredField("value");
```

```
field.setAccessible(true);
field.setInt(level, 999);

System.out.println("Level : " + level.value);
```

程式 9.18 被改為無效值

```
Level : 1
Level : 999
```

沒想到本來設為不可變的成員變數 `value` 的值竟被修改了，變成無效值 999。

只要使用反射，即使是加上 `final` 的變數也可以改為可變，甚至還可以從外部修改 private 成員變數。藉由某些手法，連常數 `MIN` 和 `MAX` 也可以修改。

濫用反射將使得本書介紹的防止異常狀態的設計、封閉影響範圍的設計都完全失去意義。反射就像設置了嚴密的保全措施後卻隨意開啟的後門一樣。

9.8.2 　干擾 IDE 功能的元資料（metadata）

Java 這類靜態型別（static typing）語言，有一項優勢在於可以藉由靜態分析準確地判斷程式碼的變數範圍、引用位置等等。然而，元程式設計會讓這樣的優勢不復存在。

舉例來說，有一個像程式 9.19 這樣的 User 類別。

程式 9.19 User 類別

```
package customer;

class User {
  // 省略
}
```

　　一般來說會用 new 關鍵字創建類別的實例，但使用反射就可以根據元資料（metadata）來創建實例。

　　如程式 9.20 所示，generateInstance() 函式會根據提供的套件和類別名稱字串創建該類別的實例並回傳。

程式 9.20 由元資料創建實例

```
/**
* 指定類別名稱並創建實例
* @param packageName 套件名稱
* @param className 想要創建實例的類別名稱
* @return 指定類別的實例
*/
static Object generateInstance(String packageName, String className)
throws Exception {
  String fillName = packageName + "." + className;
  Class klass = Class.forName(fillName);
  Constructor constructor = klass.getDeclaredConstructor();
  return constructor.newInstance();
}
```

　　再來，程式 9.21 就能把套件名稱和類別名稱作為字串傳入，創建 User 類別的實例。

程式 9.21 由元資料創建 User 類別的實例

```
User user = (User)generateInstance("customer", "User");
```

　　現在許多 IDE 都有統一更改類別和函式名稱的功能，例如可以把 User 類別的名稱更改為 Employer，同時準確地將所有引用 User 的地方一併修改。

　　然而，這種重新命名功能對程式 9.21 無法發揮應有的作用。雖然 User 型別的名稱會改為 Employer，但傳給 generateInstance() 函式的字串 "User" 並不會被更改。

✖ 程式 9.22 作為字串的「User」並未被修改

```
Employer user = (Employer)generateInstance("customer", "User");
```

雖然這段程式碼不會觸發編譯錯誤，但在執行時會因為找不到對應的類別而產生錯誤。

IDE 的靜態分析可以準確找出每個類別在哪些地方被引用，因此可以修改類別名稱和所有的引用處而不會出錯。可是作為字串寫死（hard-coded）的 **"User"** 並不會被 IDE 辨識為和 **User** 型別有關，也就不會被納入重新命名的範圍中[註5]。

IDE 的靜態分析除了重新命名之外，還有尋找定義和搜索引用等功能，有助於提高開發效率和準確性。濫用元程式設計的話，就會浪費了這些開發上的優勢。

9.8.3 認識缺點，限制用途

使用元程式設計，可能會讓人覺得自己獲得了某種超能力。然而，如果不認識其缺點，就會造成系統難以維護和修改。「黑魔法」這個形容非常適切，如果使用不當，就會召喚出邪惡的惡魔，最終招致毀滅。

使用元程式設計時應該特別注意，將目的限制在系統分析等特定用途上，並且盡可能限縮在最小的作用範圍（scope）內，以避免產生風險。

註5 筆者曾在某個產品中嘗試用 IDE 的重新命名功能改善類別的命名方式，卻以失敗收場，因為該產品的原始碼大量使用反射來創建實例。IDE 無法準確修改名稱，錯誤頻出，最終不得不放棄。

9.9 套件的技術包裝法（技術驅動包裝）

製作套件時如果不謹慎處理資料夾的分隔方式，可能會成為召喚惡魔的原因。

圖 9.3 是一個電商網站的資料夾結構。資料夾的名稱寫為中文以便閱讀。資料夾和類別是一對一的關係，資料夾名稱就是類別的名稱。

圖9.3 根據設計模式劃分的資料夾

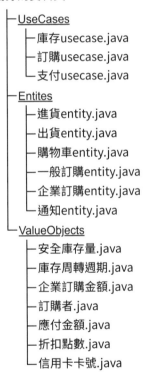

這裡用到的設計模式，除了本書提過的值物件外，還包括表示應用情境的 use case 設計模式，還有以唯一性為職責的 entity 模式。這個資料夾結構是根據設計模式來分類的。

那麼，這些檔案之間有確切的關聯性嗎？

比如說，「訂購者」與「訂購 use case」看得出來有關聯。那「企業訂購金額」呢？乍看之下似乎與訂購有關，但實際上是用於庫存 use case。由於名稱容易混淆，有時可能會錯誤地在關於訂購的地方使用企業訂購金額。這當然會增加出現 bug 的可能性。

還有，「安全庫存量」和「庫存周轉週期」僅能用在關於庫存的部分。如果為了滿足某些規格而強行在庫存以外的地方使用安全庫存量，就會違背本來的用途，導致結構混亂。

在這種資料夾的分類會產生各種混亂，那我們應該從依據什麼來分類才好呢？

實際上，這些檔案主要分為庫存、訂購和支付三類。因為資料夾用設計模式來分類，所以很難分辨出哪個檔案屬於哪一類。像這種按照設計模式之類的結構相似度來劃分資料夾、製作套件的作法，稱為套件的**技術包裝法（技術驅動包裝）**。

Rails 等許多 Web 框架都採用 MVC 架構。MVC 是將系統分為 Model、View 和 Controller 等 3 層的架構[註6]。許多框架的預設資料夾分類都是 models、views 和 controllers，這也可以算是技術包裝法。也許是因為框架預設採用技術包裝，所以內部的各種資料夾分類也往往會趨向於技術包裝。

在這個案例中的「購物車 entity」和「安全庫存量」等等，表示業務概念的類別稱為「業務類別」。如果把業務類別用技術包裝法來劃分，就會導致原本關聯密切的檔案分散各處，降低軟體的內聚性。

業務類別應該要像圖 9.4，按照業務的概念的把關係緊密的資料劃分在同一個資料夾。

註6　像 MVC 這樣按照職務來分層的架構，稱為分層架構（layered architecture）。除了 MVC 之外，MVVM 也是分層架構。

圖9.4 根據業務概念劃分的資料夾

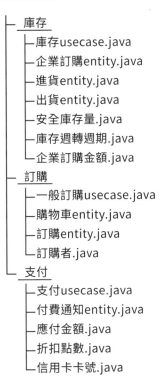

```
├── 庫存
│   ├── 庫存usecase.java
│   ├── 企業訂購entity.java
│   ├── 進貨entity.java
│   ├── 出貨entity.java
│   ├── 安全庫存量.java
│   ├── 庫存週轉週期.java
│   └── 企業訂購金額.java
├── 訂購
│   ├── 一般訂購usecase.java
│   ├── 購物車entity.java
│   ├── 訂購entity.java
│   └── 訂購者.java
└── 支付
    ├── 支付usecase.java
    ├── 付費通知entity.java
    ├── 應付金額.java
    ├── 折扣點數.java
    └── 信用卡卡號.java
```

使用這樣的套件包裝方式，就可以把只用在庫存 use case 的「安全庫存量」類別設為 package private，從而消除被無關於庫存的 use case 引用的風險（參考 8.2.3 節）。

同類的類別集中在一起之後，如果遇到關於支付的規格需要修改，就只需查閱支付資料夾中的檔案即可。這樣一來就減少了尋找相關文件的麻煩。

9.10 複製貼上的範例程式碼

　　網路上有各種程式語言和軟體框架的官方網站，每個網站都有語法規格或函式庫文件，大多都有附有範例程式碼作為解釋。此外，技術社群網站、問答網站以及工程師個人的部落格等等也有許多技術解說，同樣附有範例程式碼。

　　需要注意的是，如果直接複製貼上範例程式碼來進行實作，很容易寫出設計不良的結構。

　　範例程式碼僅用於說明語法規格或函式庫的功能，並沒有考慮維護或修改的便利性。如果抱持著「範例程式碼就是這樣寫啊」的態度來實作產品，馬上就會產出劣質的程式碼，招來惡魔[註7]。

　　遠離範例程式碼，設計出更好的類別結構吧。

9.11 銀彈

　　工程師學會新的技術時，往往會想要盡快投入實戰。那些優秀的技術看起來總是如此誘人，彷彿可以解決開發現場的所有問題。

　　然而，實際工作中出現的問題不太可能單純到可以只用某個特定招式就解決，大多都是非常複雜的問題。在這種情況下，要是不管三七二十一就使出「自己學到的厲害技術」，會發生什麼事？不僅對現有問題毫無幫助，甚至可能使問題變得更加嚴重。

註7　筆者曾聽朋友說，有一種稱為「複製貼上大師」（コピペ職人）的程式設計師，只會在網路上找範例程式碼複製貼上，藉此拼湊出整個產品。這種做法當然無法保證設計品質。即使不到「複製貼上大師」的地步，筆者的觀察範圍內也有一些程式設計師會複製範例程式碼來使用。這問題可能比想像中更加嚴重。

在軟體設計中，有一套「GoF 設計模式」非常著名。筆者曾經遇過一份程式碼，強行套用了 GoF 設計模式的其中一部分，反而使得功能擴展變得非常困難。不知道前任開發者的考量是什麼，或許只是想用用看剛學到的設計模式吧，總之筆者接手之後，為了擴展功能也只好辛苦地重新設計整個軟體。

在西方的傳說故事中，狼人或惡魔可以用銀彈擊倒。銀彈也用於比喻一種可以解決麻煩問題的「特效藥」，但是在軟體開發中並沒有銀彈[註8 編註]。

本書提供的做法旨在減少規格變更所帶來的工作量。因此，對於實驗性的原型產品或是生命週期將盡而不再需要更新的軟體而言，這些做法不會有效果，反而可能增加設計成本。

重要的是評估和判斷哪些問題存在、哪種方法對問題有效、成本方面是否可行。培養對問題和目標的意識，在技術選擇上做出明智的判斷。

在設計中並不存在最好的方案，始終應該追求更好的方案。

註8　相關的概念還有稱為「馬斯洛的錘子」（Maslow's hammer）的心理偏誤。也就是「當你只有一把錘子時，所有東西看起來都像釘子」，表示對特定工具的盲目依賴。

編註　「軟體工程沒有銀彈」這一名句出於圖靈獎得主 Fred Brooks 著於 1986 年的論文「No Silver Bullet - Essence and Accident in Software Engineering」。

MEMO

第 10 章

名稱設計
─讓人可以看透程式結構的名稱─

　　類別和函式的命名，對於規劃適當的職責、防止密耦合而言是一大重點。輕率的命名可能會導致職責劃分不清，進而造成密耦合，最後巨大化而誕生出上帝類別。

　　本章會說明輕率的命名會召喚出什麼樣的惡魔，並介紹可以擊退惡魔的名稱設計方式。

圖 10.1 自古以來，命名一直是人生大事

　　貫串本章的核心概念就是**目標式名稱設計**[註1]，也就是基於軟體想達成的目標來命名。

表10.1 軟體與對應目標的例子

軟體	目標例子
電商網站	以促銷活動引起消費者的購買動機、鼓勵消費者提高購買量以降低運費
遊戲	讓玩家享受武器的強化和改造、享受用陷阱執行策略型對戰
公司內部用函式庫	提升部門的生產力、以同樣方式控制複數產線，使開發更順利

　　「目標式名稱設計」的特色是「從名稱就能看出目標和用途」。就像前面介紹的物件導向設計或遵守單一責任原則的設計一樣，這也是為了解決特定問題而使用的技巧。

註1　目標式名稱設計（原文：目的驅動名前設計）是筆者自創的術語。

對於以服務客戶為主的產品來說，就是要考慮「公司的經營想要達成什麼目標？」接下來就以營業相關的目標來進行解說。

10.1 召來惡魔的名稱

首先介紹的是因為名稱設計不良而召喚出的惡魔。以電商網站的商品為例，常常會設計出像這樣的「商品類別」。

圖10.2 巨大的商品類別

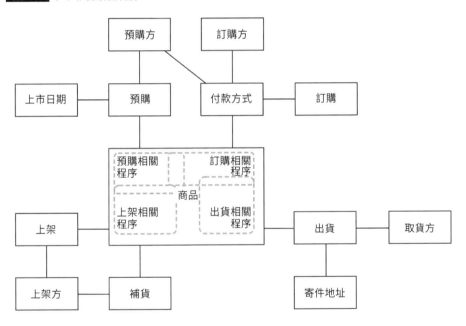

電商網站是以商品為中心構築而成的，其中包含預購、訂購、上架、出貨等關於商品處理的許多使用情境。這些情境會和原本單純的商品類別發生各種互動，商品類別本身也會實作出用於這些情境的功能（成員函式），逐漸變得複雜化、巨大化，形成密耦合狀態。

　　這種巨大化的商品類別，遇到規格變更時該怎麼辦呢？如果要確保修改時不會產生 bug，就必須檢查和商品類別有關的所有類別。因為商品類別的影響範圍實在太大了，就會嚴重降低生產效率。

圖 10.3 過大的影響範圍

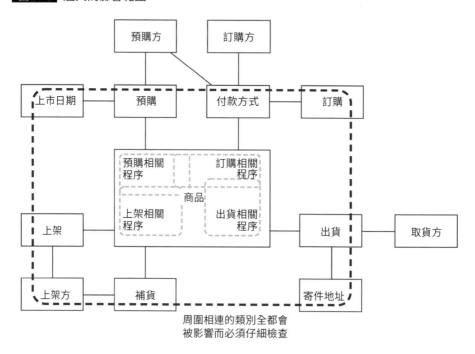

周圍相連的類別全都會
被影響而必須仔細檢查

10.1.1 分離不同主題

　　商品類別是怎麼變成這種狀態的呢？

　　仔細看看圖中的連結，商品的周遭圍繞著預購、訂購、出貨等等不同的主題。商品類別和各個主題相連後，身上也會帶著關於這些主題的功能，這就是密耦合狀態。

圖10.4 將主題分離開來、彼此隔離

　　主題的分離對於解開密耦合而言是非常重要的。分離主題就是「把不同的應用情境或目的、功能分開」，是一種軟體工程的思考方式。

　　也就是說，關於商品類別的各個主題必須分離為不同的類別。我們接著就以各個主題把商品類別分割成不同的類別。（圖 10.5）

圖10.5 依主題分割類別

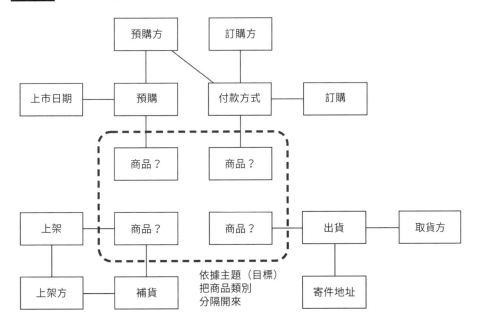

10.1.2 適合各主題的命名

　　各個主題已經分離開來了，但總不能把所有的類別都命名為「商品」吧。名稱可不能重複。

　　既然 4 個主題都已經決定了，就用這些主題來命名吧，例如被訂購的商品就是「訂購商品」。其他也一樣，可預購的部分就叫預購商品、準備出貨的部分就叫出貨商品。

圖10.6 改成適合的名稱

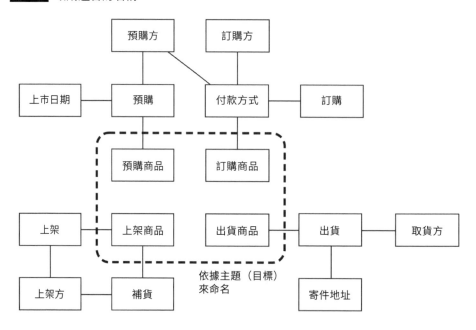

　　這樣就完成了**適合各主題的命名**。

　　再來只要把各種功能封裝在分離的類別裡就可以了。比如說訂購商品類別裡就只放入和訂購商品有關的功能[註2]。

　　像這樣把不同主題分離，就能達成疏耦合、高內聚。

註2　如果需要確認預購商品、訂購商品、上架商品、出貨商品是否為同一項商品（確保唯一性），只要為商品設定唯一不重覆的 ID 編號就可以解決。

把各主題的類別分離為疏耦合、高內聚的狀態後，假如關於訂購的規格發生更動，就只需要注意關於訂購的類別即可。**縮小影響的範圍**，就能提升開發效率。

圖10.7 更改規格時的影響範圍縮小了

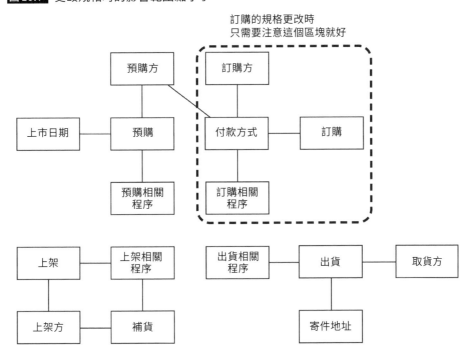

10.1.3 避免過於籠統的名稱

開發初期設定的命名通常會很粗略、籠統。籠統的命名會造成什麼結果呢？開發現場常常發生下述狀況。

> 成員甲：「現在開發中的購物網站要新增預購商品的功能。我覺得要加在關於商品的程式碼附近，具體上要放在哪裡比較好呢？」
>
> 成員乙：「不是已經有叫作商品的類別了嗎，裝在那裡就好啊。」

名稱如果取為籠統的「商品」，就好像只要是關於商品的任何功能都可以塞進去。籠統又含糊的名稱會在心理上產生很強的吸引力，把各種功能都吸進去。

圖10.8　「商品」代表的意義很廣泛！

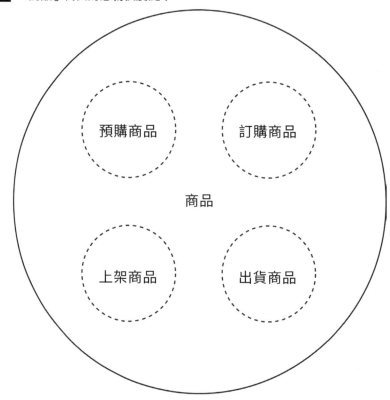

「商品」代表的意義範圍

雖然「商品」一詞可以表現出這是「用於銷售的物品」，但商品還有預購、出貨等各式各樣的使用情境，所以這依然是個太隨便的名稱。這是命名時很容易落入的陷阱。

筆者把這種沒有標示明確目標的類別稱為**目標不明物件**，目標不明物件很容易在轉眼間就巨大化。

為了避免遇到這種狀況，以分離主題為原則來設計名稱吧。而分離主題的重點就在於把業務目標表現在名稱上。

10.2　設計名稱─目標式名稱設計

筆者傾向於把「為類別和函式取名」這個行為稱作「名稱設計」，而不只是「命名」。這邊所謂的設計是指「為了解決某個問題而思考並建立機制與結構」。

筆者認為，**名稱的功能對程式碼而言不僅是提高可讀性而已**[註3]。

以分離不同主題為原則，構思符合業務目標的名稱，對於實現疏耦合、高內聚來說是至關重要的。由於命名在設計上具有重大意義，因此稱之為「名稱設計」。

目標式名稱設計是根據目標來設計名稱的做法，讓開發人員可以從名稱中理解軟體想要實現的目標。

以下是目標式名稱設計的重點整理：

- 盡可能選擇範圍小、具體、專用的名稱
- 根據目的而非存在來命名
- 分析有哪些業務目標
- 試著實際說出口
- 閱讀使用條款
- 檢討是否可以替換為不同名稱
- 檢查是否達到疏耦合和高內聚

註3　例如《The Art of Readable Code: Simple and Practical Techniques for Writing Better Code》（Dustin Boswell, Trevor Foucher 著、2011 年）等書就非常著重於程式碼的可讀性。

以下依序說明。

10.2.1　盡可能選擇範圍小、具體、專用的名稱

這是目標式名稱設計中最重要的一點。

圖 10.9　選擇專屬於特定目標、指涉範圍狹小的名稱

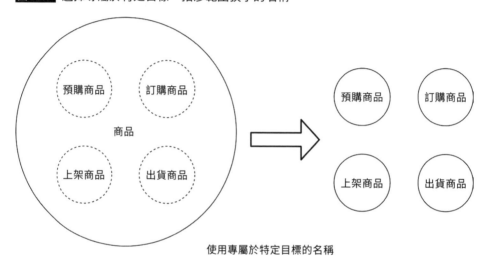

使用專屬於特定目標的名稱

我們要針對想要達成的目標[註4]，替類別取一個非常具體、意義範圍極度狹窄的名稱。

以服務客戶為主的產品，就是要以「公司的經營想要達成什麼目標？」作為命名的依據。也就是軟體的業務目標。

以業務目標設計的名稱可以產生以下效果：

- 更容易排除與名稱無關的功能。
- 類別變得更小。
- 相關類別的數量減少，降低耦合度。

註4　這裡指的是軟體想要達成的目標（見表 10.1）。

- 由於相關類別較少，在規格變更時需要考慮的影響範圍也較小。

- 由於以目標作為專用的名稱，很容易找到應該修改的地方。

- 提高開發生產力。

10.2.2　根據目的而非存在來命名

在此會具體解釋什麼是專用於業務目標的名稱。

首先設想一下沒有專用於目標的情況。例如「人」或「使用者」這種名稱，就只是某個存在的人物，也就是以存在為基礎的名稱。如果將這種名稱用於電商網站，會發生什麼情況呢？電商網站的使用者可能不只有個人，也可能是法人。如果「使用者」同時代表個人和法人，那程式就可能變得很混亂（相關的問題可參考第 13 章說明的建模）。

單純表示某種存在的名稱，往往會有多重含義，成為目標不明的物件。這會造成邏輯層面上的混亂。

因此，名稱應該要能夠簡單看出明確的目標、基於目標來設計，如表 10.2 所示。

表10.2　根據目標命名的範例

根據存在	根據目標
住址	出貨地址、送貨地址、工作地址、戶籍地址
金額	報價金額、消費稅金額、逾期保證費、優惠折扣金額
用戶	帳號、個人資料、工作經歷
用戶名稱	帳號名稱、顯示名稱、真實姓名、法人名稱
商品	預購商品、訂購商品、上架商品、出貨商品

在電商網站使用地址的目標是寄送商品。因此應該避免使用「地址」這種單調無聊的名稱，而是改用「出貨地址」和「送貨地址」這種屬於特定功能的名稱。

「金額」這種名稱也是只根據存在來命名，可以有各種解釋。應該要以專屬的目標，改為「報價金額」、「消費稅金額」、「逾期保證費」、「優惠折扣金額」等等。

就連「使用者名稱」，也有「帳號名稱」、「顯示名稱」、「真實姓名」等不同的對應目標。

10.2.3　分析有哪些業務目標

既然要以特定業務目標來命名，就必須瞭解並涵蓋所有可能的目標。所以對軟體所涉及的目標和事項進行分析也是必要的。

例如在電商網站有上架、訂購、出貨、促銷等。在遊戲有武器、怪物、道具、合作活動等。在 SNS 有訊息、追蹤、時間軸等。不同軟體處理的目標和事項各不相同。

列舉登場的角色和事項，整理彼此關係，詳細進行分析吧。

團隊聚在一起，寫在白板或紙上討論是一個不錯的方法。用便條紙也可以把相關的事項分組，更方便整理思緒。

10.2.4　試著實際說出口

人類在大腦中的思考其實出乎意料地容易疏漏或產生盲點。

前面提到的分析就常常會陷入盲區。即使列出了很多名稱，如果不熟悉專案的話，還是很難把名稱背後的業務目標完全呈現出來。

名稱本身固然很重要，不過名稱要達到什麼目的、如何使用、和什麼有關等等命名的目標和用途，都應該由團隊一起整理並瞭解，取得團隊的共識。

如果對目標和用途的認知不同，往往無法把名稱設計得足夠完善。想要解決這個問題的話，把問題說出口是非常重要的。

　　和一些熟悉軟體相關業務的人聊聊看吧。如果對軟體的目標和用途有任何誤解，就可以在對話中立即得到回饋意見。鎖定更準確、更具體的業務目標，就能導出關於這項目標的名稱。換句話說，對話本身就是即時的產品分析。

　　有一種稱為**小黃鴨**（rubber duck）的 debug 技巧，就是在寫程式遇到問題時實際向其他人解釋問題，解釋後會自己察覺問題的根源，進而得以解決。從小黃鴨這種技巧來看，確實可以把「說出問題」當作是一種分析方式。

　　積極討論、仔細聆聽會話中是否出現特別的名稱，藉此收集軟體的名稱和主題吧。

　　這種大聲說出口的分析方式源於《Domain-Driven Design: Tackling Complexity in the Heart of Software》（Eric Evans 著、2003 年）書中提到的共通語言（Ubiquitous Language）。共通語言是指團隊中為了共享想法而使用的詞語。在對話、文件、類別和函式名稱上使用共通的名稱，可以防止溝通中的損耗，解決設計上的混亂。該書特別強調了在團隊中建立共通語言以及持續進行對話、不斷精進的重要性。

10.2.5　閱讀使用條款

　　使用條款通常會以非常嚴謹的措辭來描述服務的使用方式和規則，也可以作為命名的參考。以下是一個虛構的二手市場服務使用條款的一部分：

> **消費者**完成商品購買程序時，即視為**成立交易契約**。
>
> 一旦成立交易契約，**產品供應方**即應向本公司支付**服務使用費**。
>
> 服務使用費為商品**銷售價格**及**銷售手續費率**相乘得出的金額。

條款中有不少像是「消費者」、「產品供應方」、「交易契約」這種嚴謹的名稱。參考這段條文，就可以將使用者的類別從「用戶」區分為「消費者」和「產品供應方」兩個類別。

商品的買賣可以做成一個「交易契約」類別裡面的「成立」函式。在金額方面，本來可能只實作了一個「費用」變數，但是參考使用條款後，就可以新增「服務使用費」和「銷售手續費率」。例如「服務使用費」類別可以設計為值物件，如程式 10.1 所示。

程式 10.1 服務使用費類別

```java
/** 服務使用費 */
class ServiceUsageFee {
  final int amount;

  /**
   * @param amount 費用金額
   */
  private ServiceUsageFee(final int amount) {
    if (amount < 0) {
      throw new IllegalArgumentException("請輸入0以上的金額。");
    }
    this.amount = amount;
  }

  /**
   * 確定服務使用費。
   *
   * @param salesPrice          銷售價格
   * @param salesCommissionRate 銷售手續費率
   * @return 服務使用費
   */
  static ServiceUsageFee determine(final SalesPrice salesPrice, final
SalesCommissionRate salesCommissionRate) {
    int amount = (int)(salesPrice.amount * salesCommissionRate.value);
    return new ServiceUsageFee(amount);
  }
}
```

determine() 函式符合使用條款上的服務使用費定義。之後實作的交易契約類別如果呼叫這個 ServiceUsageFee.determine() 函式，就可以符合「成立交易契約時，要計算服務使用費」的條文。這樣一來，使用條款和實際的程式功能就會保持一致。

另外，如果規格將銷售手續費率設為會變動的值，就可以把變動的計算功能實作在表示銷售手續費率的 SalesCommissionRate 類別中。

如果需要調整服務使用費，只需修改 ServiceUsageFee 類別就好；如果需要調整銷售手續費率，則是修改 SalesCommissionRate 類別。因為業務規則與類別劃分保持一致，因此可以快速而準確地修改。

10.2.6 檢討是否可以替換為不同名稱

很多時候，選用的名稱代表的範圍可能並不夠小，或者可能帶有多重含意。命名後應嘗試替換其他名稱，檢查是否可以再縮小指涉的範圍、是否有不適用的狀況等等。

這裡以旅館的預約系統為例。

由於系統的使用者之中可能還有維護人員，因此「使用者」涵蓋的範圍太廣了。先命名為「顧客」吧。不過這個名稱真的合適嗎？

某些情況下，支付住宿費的人和實際住宿的人可能不同，例如因公出差而由公司支付住宿費用，或是把旅行當作給雙親的禮物。

可以想見，如果將使用者稱為「顧客」，會很難處理住宿費用的支付者和實際住宿者不同的情況，因為「顧客」這個名稱含有住宿者和支付者兩種意義。

在這個例子裡，把名稱換成「住宿者」和「支付者」可能是更明智的選擇。另外，更換名稱時看看辭典裡的「相似詞」可能也會有幫助。

10.2.7　檢查是否達到疏耦合和高內聚

選擇專屬的目標作為名稱，可以讓目標之外的功能難以混入其中，促使用於特定目標的功能聚集在一起，實現高內聚。如果發現目標之外的功能開始冒出來，就應該重新檢討名稱。

此外，各個類別也要檢查所連結到的類別數量。先前以商品類別說明過，如果和許多其他類別互有關聯，很可能是個不好的跡象，有密耦合的危險。遇到這種情況時，應該試著設計含意更限縮的名稱。如果本來的名稱具有多重含義，就應該進行拆分[註5]。有關聯的類別數量越少，影響範圍就越小。

10.3　需要保持警覺的名稱事項

在設計名稱時，有幾個需要注意的地方。

10.3.1　對名稱保持重視

目標式名稱設計的理念建立在「重視名稱，讓名稱與功能互相對應」的前提之上。因此若對名稱漠不關心，一切也都會隨之瓦解。在團隊開發中，命名是非常重要的。**團隊應瞭解名稱對程式結構會造成重大影響，以名稱與功能互相對應為前提來開發。**

10.3.2　注意規格變更引起的「意義範圍變化」

隨著規格的反覆變更，在開發過程中使用的詞彙也可能出現意義上的變化。這時就需要重新檢視名稱的設計。

註5　開始設計專用的名稱之後會發現，現實世界的物理存在和名稱之間並不一定是一對一的關係，而是會逐漸變成一對多的關係（參考第 13 章的建模部分）。

例如在開發初期可能有「顧客」類別，表示的是「個人顧客」。後續規格變更後，變得需要另外處理「法人顧客」，這時關於法人的屬性，如登記編號、組織名等等就可能會混入「顧客」類別中。這種情況會導致個人顧客和法人顧客的功能相互混淆。

只要含義不同的功能可能混入，就需要重新檢討名稱的含義，決定要更改名稱還是分隔為多個類別。例如重新設計個人顧客類別和法人顧客類別。

10.3.3　重要的名稱應明確實作

「討論時明明提到重要的名稱，卻沒有實作在程式碼裡面」，這種情況需要格外注意。以圖書館借閱服務的開發過程為例，以下這樣的對話在開發中經常發生。

員工A：「剛才討論的『需注意會員』已經實作了嗎？」

員工B：「嗯，已經實作了。」

員工A：「咦，是哪一個類別？」

員工B：「這個 User 類別。」

員工A：「User 類別怎麼會是『需注意會員』？」

員工B：「不是這樣的，有一些條件。使用者的『逾期未還次數』或『圖書損壞次數』超過一定值的時候，就會被判斷成『需注意會員』。」

員工A：「原來如此。可是在程式裡根本沒有寫到『需注意會員』啊。」

員工B：「確實是這樣沒錯……」

討論中提到的重要概念，卻沒有在程式碼裡面設置對應的名稱，而是埋藏在雜亂的流程中，這種情況非常常見。

就像這個例子一樣,如果不詢問熟悉專案內容的人,就會很難理解該功能的實作方式。如果這個熟悉的人離開團隊,問題就會變得更加嚴重。

而且,這種「無名功能」往往會隨意寫在程式碼的各個角落。既然沒有名稱,那就更不會被設計為函式或類別。整個程式雖然可以依照當前的規格來運作,卻看不出正確結果是怎麼出現的。

這時如果關於「需注意會員」的規格改變了,就只能耗費大量的精力來查找程式碼的哪些部分涉及「需注意會員」這項功能。因為連名稱都沒有,所以這樣的工作會變得非常困難。

想要逃離這種地獄般的痛苦,就必須更關注規格中提及的重要名稱,妥善地使用這些名稱來命名函式和類別。

10.3.4　「需要形容詞區分」就是建立新類別的時機

有些難以區分差異的程式碼,**只能口頭加上一堆形容詞才能向同事解釋清楚**,這是開發系統時總是頻繁出現的情況。

這裡以遊戲開發作為範例。許多 RPG 會設定生命值上限,並設計具有「提高生命值上限」效果的裝備。假設「飾品」類型的裝備可以提高生命值上限,以程式 10.2 的方式實作。

程式10.2　套用飾品的提高生命值上限效果

```
int maxHitPoint = member.maxHitPoint + accessory.maxHitPointIncrements();
```

後來規格發生更動,需要在「身體防具」也加入提高生命值上限的效果。這項工作指派給一名新進員工負責。這位新進員工並不知道原本「飾品」部分的實作,因此在另一個地方實作了程式 10.3。

程式10.3　套用身體防具的提高生命值上限效果

```
maxHitPoint = member.maxHitPoint + armor.maxHitPointIncrements();
```

結果程式運行的結果不如預期，於是新人員工就向資深員工請教。

新進員工：「不好意思，Member 類別的 maxHitPoint 是指生命值上限嗎？」

資深員工：「對啊。」

新進員工：「我把 Member.maxHitPoint 用在身體防具提升生命值上限的計算，可是結果是錯的。好像是飾品的提升上限效果不見了。」

資深員工：「啊，這個嘛……Member.maxHitPoint 其實代表的是『原本的』生命值上限，沒有算進裝備的效果。飾品的提升效果是在其他地方計算的。你看這邊（程式 10.2），這就是『加上裝備效果的』生命值上限。」

新進員工：「我的作法是把『原本的』生命值上限加上身體防具的效果，算出另一個『加上裝備效果的』生命值上限，把飾品的效果覆蓋掉了，所以才會出錯。」

新進員工發現問題並進行修正，做出了符合規格的程式（程式 10.4）。

程式10.4　修正的提高生命值上限效果計算

```
int maxHitPoint = member.maxHitPoint + accessory.maxHitPointIncrements()
+ armor.maxHitPointIncrements();
```

為什麼這位新進員工會犯下這種錯誤呢？

雖然他能看懂 Member.maxHitPoint 代表「生命值上限」，卻沒辦法理解這是「哪一種生命值上限」。結果資深員工就必須用「原本的生命值上限」或「加上裝備效果的生命值上限」等形容來口頭解釋兩者的差異。

然而，生命值上限僅只是取名為 maxHitPoint，並沒有反映出「原本的生命值上限」或「加上裝備效果的生命值上限」等明確的意義。

像這樣，把實際意義不同的變數或是會隨條件而有不同行為的變數，都用相似的名稱來表示，會導致實作時很難區分差異。

　　實務上真的經常遇到團隊成員用「原本的」、「改過的」這種形容詞來解釋變數的差別。

　　在這個範例中，由於有資深員工在場，所以很快就能解釋清楚；但是如果資深員工離開團隊，就必須從使用該變數的程式碼之中推斷具體意義。如果條件分歧更複雜，這又會更加困難。

　　要防止這種情況，就不能使用模糊的命名，而是要設計可以表達差異的名稱。在這個遊戲的例子中，至少應該用下列方式命名：

● 原始生命值上限：originalMaxHitPoint
● 修正生命值上限：correctedMaxHitPoint

　　改良的工程還沒完。可以想見，原始生命值上限和修正生命值上限都可能在各種情境中使用。如果把變數設為簡單的 int 型別，每一次用到的時候都必須重新檢查名稱是否能表現出意義的區別，變成一場看不到盡頭的苦戰，換言之，就是低內聚。

　　需要用形容詞表達差異的部分，就應該分別設計為類別。修正的生命值上限會受到原始生命值上限和裝備的效果所影響，這樣的關聯性應該作為類別的結構來呈現（圖 10.10）。

　　原始生命值上限應該設計為值物件。

程式 10.5 表示原始生命值上限的類別

```java
class OriginalMaxHitPoint {
  private static final int MIN = 10;
  private static final int MAX = 999;
  final int value;

  OriginalMaxHitPoint(final int value) {
    if (value < MIN || MAX < value) {
      throw new IllegalArgumentException();
    }
    this.value = value;
  }
}
```

修改後的生命值上限也要設計為值物件。從建構函式的引數可以瞭解到，這是由原始生命值上限和各種防具的效果計算而出的值。

◯ 程式10.6 表示防具修正後的生命值上限的類別

```
class CorrectedMaxHitPoint {
  final int value;

  CorrectedMaxHitPoint(final OriginalMaxHitPoint originalMaxHitPoint,
final Accessory accessory, final Armor armor) {
    value = originalMaxHitPoint.value + accessory.maxHitPointIncrements()
+ armor.maxHitPointIncrements();
  }
}
```

圖10.10 需要用形容詞區分，就應該設計為不同類別

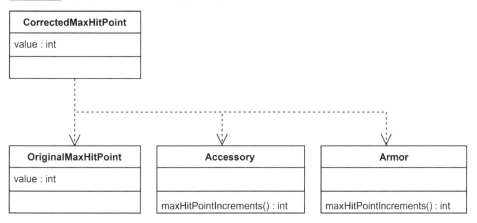

把含義不同的變數分別設計為類別，進而結構化，就可以更容易理解各個概念之間的關係。如果生命值上限的計算規格又需要修改，也只要檢查 CorrectedMaxHitPoint 類別即可。

同事之間在解釋差異不明確的功能時，要特別注意這種形容詞。以下是一些例子：

● 「設置這個旗標時，User 就是『需注意』會員」

● 「這一行的 price 是『新品』價格，下一行的 price 是『二手』價格」

● 「Ticket 類別在年齡超過 60 歲的時候會變成『老年』票價，如果在平日則會是『平日老年』票價」

需要用形容詞來表達差異時，就應該考慮是否可以分別設計為不同類別。

10.4　用途不明的名稱

接下來將介紹一些常見的命名問題，以及對應的解決方法。首先是用途或目標不明確的名稱，例如以下的程式碼。

✖ 程式 10.7 滿滿的 tmp 變數，意義不明

```
int tmp3 = tmp1 - tmp2;
if (tmp3 < tmp4) {
  tmp3 = tmp4;
}
int tmp5 = tmp3 * tmp6;
return tmp5;
```

有時候，我們會把臨時儲存計算結果的區域變數取名為 tmp 之類的名字。

這種命名方式會讓人很難理解變數的意義。從目標式名稱設計的角度來看，這並沒有達成分離主題的效果，而是會導致責任模糊和密耦合。

理解上的困難若不從根本解決，就會演變成例行的翻譯工作。例如規格變更時，就需要把對應的函式或變數在腦中翻譯成可以理解的東西。此外，對新加入團隊的成員說明的成本也會增加。有些團隊會另外編製詞彙

的對照表格來處理翻譯問題，然而這類文件往往會疏於維護，在規格變更之後，詞彙的意義可能改變，表格就變得過時。翻譯所耗費的時間，自然也會導致開發速度下降。

人類的注意力是有限的。我們不能保證隨時準確進行規格和程式碼之間的翻譯。總是會有因疏忽而導致解讀錯誤的可能性。

用途不明的名稱會放大解讀錯誤的可能性。基於錯誤的解讀而實作的功能，當然就會導致 bug。接下來介紹一些用途不明的名稱案例。

10.4.1 技術式命名

程式設計師因為工作的關係，腦袋裡常常會塞滿關於程式的事情。命名的方式也可能會因此就採用程式設計或電腦的專業術語。這種以技術為基礎的命名，筆者稱為**技術式命名**。

在本書開頭的程式 1.1 就示範了使用程式或電腦術語的命名，用 Int 表示型別、Memory 表示記憶體控制、還有 Flag 等等。像 MemoryStateManager 和 changeIntValue01 這種名稱，就是典型的技術式命名。技術式命名往往讓變數意義變得難以理解。

表 10.3 列舉了一些典型的電腦和程式術語。這些確實都和軟體有關，但不適合用於呈現軟體的業務目標。

表10.3 技術式命名的例子

種類	例子
關於電腦技術	memory, cache, thread, register 等等
關於程式設計	function, method, class, module 等等
關於型別	int, str, flag 等等

使用技術式命名的領域

在嵌入式系統等接近硬體底層的領域，經常需要直接存取硬體，因此也不可避免需使用專業術語來命名。也可以說，這些領域的業務目標就是這些術語。

不過，盡可能以命名來傳達目標和用途還是非常重要，這個原則是不變的。

編按：某些技術式命名可能來自於早期的開發環境。當時若想確認一個變數的型別，就只能在所有程式碼中翻找最初的宣告，因此才直接將型別等資訊標記於名稱。例如匈牙利命名法（Hungarian notation）就是採用技術命名的命名規範。但隨著 IDE 出現靜態分析、搜尋定義等功能，這種命名也逐漸退場。

10.4.2　直接以程式碼構造命名

程式 10.8 是什麼樣的函式呢？

✖ 程式 10.8 以程式碼構造取名的函式

```
class Magic {
  boolean isMemberHpMoreThanZeroAndIsMemberCanActAndIsMemberMpMoreThanMag
icCostMp(Member member) {
    if (0 < member.hitPoint) {
      if (member.canAct()) {
        if (costMagicPoint <= member.magicPoint) {
          return true;
        }
      }
    }

    return false;
  }
```

其實這是遊戲裡用來判斷角色是否能夠詠唱魔法的函式。

- 生命值大於 0
- 可以行動（ `canAct` ）
- 剩餘的魔力足夠

只要這 3 個條件全部滿足，就判斷可以詠唱魔法，回傳 true。

不過這個函式卻取名為 `isMemberHpMoreThanZeroAndIsMemberCan`
`Act...()` 直接把整個程式碼的結構寫在名稱裡。這完全無法表達函式的
功能。如果對程式碼的目標不夠瞭解，就很容易出現這種名稱。

改為以目標和用途來取名吧。

程式 10.9 用可以呈現目標和用途的名稱來改良

```
class Magic {
  boolean canChant(final Member member) {
    if (member.hitPoint <= 0) return false;
    if (!member.canAct()) return false;
    if (member.magicPoint < costMagicPoint) return false;

    return true;
  }
}
```

10.4.3　最小驚訝原則

執行以下程式會發生什麼事情呢？

程式 10.10 乍看之下，好像是回傳商品的數量……

```
int count = order.itemCount();
```

看起來應該會回傳訂單的商品數量吧。再來實際看看 `itemCount()`
函式的內容。

✖ 程式10.11 做了無法從函式名稱推斷的事情

```
class Order {
  private final OrderId id;
  private final Items items;
  private GiftPoint giftPoint;

  int itemCount() {
    int count = items.count();

    // 若訂單商品數量超過 10 個就增加 100 點紅利點數。
    if (10 <= count) {
      giftPoint = giftPoint.add(new GiftPoint(100));
    }

    return count;
  }
}
```

　　出乎意料的是，itemCount() 不僅回傳訂單商品數量，還會新增紅利點數。這可能會讓 itemCount() 的使用方感到很驚訝。

　　這違反設計原則中的**最小驚訝原則**（principle of least astonishment）。這個原則建議在設計時要盡可能讓結果符合使用方的想像，減少預期外的驚訝。把名稱設計得和功能相符、可以安心使用，是非常重要的觀念。

　　按照最小驚訝原則，itemCount() 應該僅限於回傳訂單商品數量。判斷是否應該增加紅利點數的功能由 shouldAddGiftPoint() 負責，增加紅利點數的功能由 tryAddGiftPoint() 負責。

◯ 程式10.2 讓名稱和用途一致

```
class Order {
  private final OrderId id;
  private final Items items;
  private GiftPoint giftPoint;

  int itemCount() {
```

```
  return items.count();
}

boolean shouldAddGiftPoint() {
  return 10 <= itemCount();
}

void tryAddGiftPoint() {
  if (shouldAddGiftPoint()) {
    giftPoint = giftPoint.add(new GiftPoint(100));
  }
}
```

雖然一開始通常會按照函式的用途來命名，但在規格變更之後，往往會不自覺地在現有函式裡直接修改、新增功能。這會導致名稱和功能逐漸脫節，變得違反最小驚訝原則。除了函式以外，這也會發生在類別的名稱上。這種情況非常常見，務必要小心。

修改功能時，要持續注意最小驚訝原則。當函式名稱與功能不一致時，就應該考慮更改名稱，根據用途將函式或類別進行分離。

10.5　導致構造大幅歪曲的名稱

有些名稱會對類別的結構產生嚴重的不良影響。

10.5.1　誤認為資料類別的名稱

ProductInfo 是一個用來儲存商品資訊的類別。從結構上來看，這是一個資料類別。

✕ 程式10.13 商品資訊類別

```
class ProductInfo {
  int id;
  String name;
  int price;
  String productCode;
}
```

　　命名為 Info 或 Data 的類別，會給人一種「這個類別裡只有資料，不應該在裡面實作功能」的印象，然後資料類別就這樣誕生了。正如在 1.3 所說的，這會導致低內聚。

　　像 Data、Info 這種會讓人誤以為裡面只有資料的名稱，應該避免使用。ProductInfo 應該改名為 Product。然後，基於物件導向設計，和 Product 成員變數密切相關的功能也要封裝在其中。

DTO (Data Transfer Object)

　　資料類別在某些例外情況是可以使用的。

　　有一個叫作命令查詢責任分離（CQRS）的架構模式，把更新責任和查詢責任分離開來。在 CQRS 架構中，查詢操作只會從資料庫中讀取值，主要用於畫面顯示。因為就只是讀取並顯示，所以不涉及資料的計算或修改。在這種情況下會設計一種類別，專門儲存資料庫的值並傳給顯示端。

程式10.14 DTO（Data Transfer Object）範例

```
class ProductDto {
  final String name;
  final int price;
  final String productCode;

  ProductDto(final String name, final int price, final String
productCode) {
```

```
    this.name = name;
    this.price = price;
    this.productCode = productCode;
  }
}
```

這就是 DTO（data transfer object），一種用於傳輸資料的設計模式。由於不需要修改，所有成員變數都應該用 `final` 宣告，在建構函式就決定變數值。因為這是用於查詢操作的設計，所以不應該在更新操作使用，否則就會造成低內聚。

由此可見，也不是完全不能使用資料類別，關鍵是在理解用途的情況下適當地使用。

10.5.2 讓類別巨大化的名稱

有一種名稱，會引發類別的巨大化和複雜化。

其中一個經典的名稱是 `Manager`。這裡以開發遊戲的虛構情境來解釋。

在開發初期，建立了一個名為 `MemberManager` 的類別來統一管理遊戲內的成員（程式 10.15）。使用 `MemberManager` 的各個函式就可以讀取或修改成員的參數。從管理的角度來看，所有關於成員的資料都由 `MemberManager` 來管理。

❌ **程式 10.15** 管理成員的類別

```
class MemberManager {
  // 讀取成員的生命值。
  int getHitPoint(int memberId) { ... }

  // 讀取成員的魔力值。
  int getMagicPoint(int memberId) { ... }
```

後來開發持續進展，需要實作行走的動畫。MemberManager 負責管理所有關於成員的資料，其中也包括行走動畫需要的圖片路徑和資料。因此，行走動畫的函式就被實作在 MemberManager 裡面。

✖ 程式10.16 增加播放行走動畫的功能

```
class MemberManager {
  // 中略

  // 播放成員的行走動畫。
  void startWalkAnimation(int memberId) { ... }
```

再來因為想要用試算表調整成員的參數，所以又新增一個函式，可以把參數輸出為 CSV 檔案。

✖ 程式10.17 增加輸出 CSV 的功能

```
class MemberManager {
  // 中略

  // 將成員的能力值以 CSV 格式輸出。
  void exportParamsToCsv() { ... }
```

之後還需要完成以下規格：

● 根據特定的敵人是否存活，成員的強度會發生變化。
● 根據成員的特定攻擊，背景音樂（BGM）會發生變化。

為了迅速完成這些規格，MemberManager 裡新增了檢查敵人是否存活的 enemyIsAlive() 和播放 BGM 的 playBgm()。

如上所述，為了應付各種規格的需求，MemberManager 類別已經變成程式 10.18 這種模樣。

程式10.18 巨大化的 `MemberManager` 類別

```
// 管理成員的類別
class MemberManager {
  // 讀取成員的生命值。
  int getHitPoint(int memberId) { ... }

  //  讀取成員的魔力值。
  int getMagicPoint(int memberId) { ... }

  // 播放成員的行走動畫。
  void startWalkAnimation(int memberId) { ... }

  // 將成員的能力值以 CSV 格式輸出。
  void exportParamsToCsv() { ... }

  // 回傳敵人是否存活。
  boolean enemyIsAlive(int enemyId) { ... }

  // 播放 BGM。
  void playBgm(String bgmName) { ... }
```

　　這個類別的職責是什麼呢？我們以單一責任原則來思考一下。

　　`getHitPoint()` 是關於生命值的項目、`startWalkAnimation()` 是關於動畫顯示的項目；`exportMemberParamsToCsv()` 和成員數值有關，但主題是檔案的寫入操作，這又是一個不同的職責。而 `enemyIsAlive()` 和 `playBgm()` 更是與成員無關。同一個類別中負責的任務過多，違反了單一責任原則。

　　在開發實務中，命名為 `Manager` 的類別往往會被加入各種職責的功能，很快就會膨脹成數千行的規模，成為「上帝類別」。

　　原因在於 `Manager` 這個詞的「管理」意義太過廣泛和模糊。具體來說，管理是指什麼呢？控制生命值或控制動畫在管理的範圍內嗎？命名為「管理者」，就會覺得這似乎可以處理所有事情。

只要遊戲內成員的規格改變，心中就容易出現「暫時把功能放在 `MemberManager` 就可以了」這種想法。畢竟看起來真的有點關係，各種不同職責的功能好像都可以放進去，最後所有職責都混在一起，煮出一鍋大雜燴[註6]。

`Manager` 這個名稱的意義太廣泛了，應該找出其中較狹義的概念來當作名稱。就從仔細列舉裡面的函式概念開始吧。

以 `MemberManager` 為例，裡面涉及生命值、魔力值、動畫、CSV 輸出、敵人（的生存狀態）、BGM 等概念。我們可以分析每個概念，逐一設計出符合單一職責原則的類別。例如 `HitPoint` 類別負責生命值、`WalkAnimation` 類別則負責動畫。

除了 Manager 之外，也要注意一些類似的名稱，例如 Processor 或 Controller，這些名稱的解釋範圍也很廣泛，容易巨大化。Controller 在 Web 框架的 MVC 結構就有登場。在 MVC 中，Controller 應該僅負責接收請求參數並傳給其他類別。如果 Controller 裡面包含數值計算或條件判斷，就違反了單一職責原則。不同職責的功能應定義為其他類別。

10.5.3　不同情境下有不同意義和行為的的名稱

在不同的情境下，詞彙的意義可能會有所不同。

例如，「帳戶」一詞在金融業指的是「銀行帳戶」，而在電腦安全領域則是指「登入權限」。情境會決定詞彙的意義。

帳戶的例子還相對容易理解。某些詞彙則是會因不同目的或情境，而產生完全不同的概念。以「汽車服務」為例，在不同的情境下，汽車的概念可能大不相同。

註6　在本書的範例程式碼出現了許多 Manager 類別，例如 DiscountManager 和 OrderManager。這些在實務上並不是很好的名稱。

- 運輸情境：汽車作為貨物來運輸的情境。涉及汽車的出貨地址、取貨地址、送貨路線等概念。

- 銷售情境：汽車由經銷商銷售給客戶的情境。涉及汽車的銷售價格、銷售選項等概念。

如果在不考慮情境的情況下進行類別設計，就可能導致圖 10.11 所示的情況。

圖 10.11 未考慮情境差異的 Car 類別

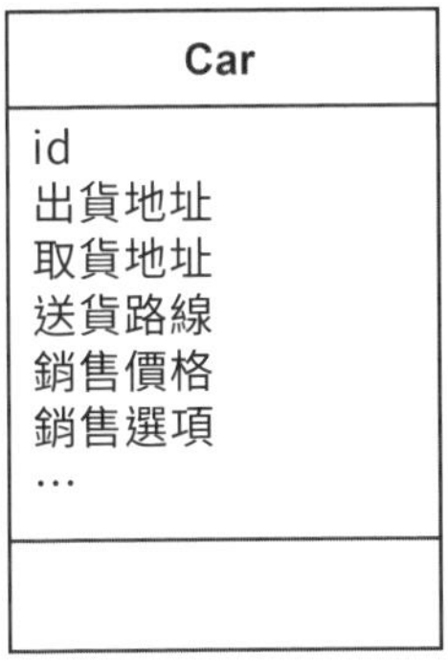

```
┌─────────────────────────┐
│           Car           │
├─────────────────────────┤
│ id                      │
│ 出貨地址                 │
│ 取貨地址                 │
│ 送貨路線                 │
│ 銷售價格                 │
│ 銷售選項                 │
│ …                       │
├─────────────────────────┤
│                         │
└─────────────────────────┘
```

把不同情境的內容實作在同一個 Car 類別中，會導致 Car 類別含有多種情境的功能，變得龐大而複雜，讓開發者難以處理。例如和送貨有關的規格變更時，就必須確保不會意外改到與送貨無關的銷售功能。不同情境的內容會出現密耦合的情況。

不同情境的內容應該分開設計，彼此保持疏耦合的結構。

圖 10.12　根據不同情境內容而設計的 Car 類別

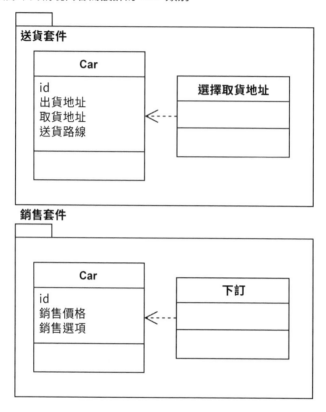

　　各種情境都應定義為不同的套件，然後在每個套件中分別建立 Car 類別。在配送情境和銷售情境出現的概念都要類別化，再與 Car 類別設定關聯。

　　這麼做就可以實現疏耦合，讓配送和銷售無需在意彼此，修改規格的影響也不會擴及其他套件。藉由業務分析就可以瞭解每個情境的範圍，再針對各個情境進行類別設計[註7]。

註7　《Domain-Driven Design: Tackling Complexity in the Heart of Software》（Eric Evans 著、2003 年）書中有關於情境概念的詳細內容。

10.5.4　連續號碼命名

在程式 1.2 提過，把類別取名為 Class001，或是把函式取名為 method001、method002、method003……這種序號命名方式稱為**連續號碼命名**。

就目標或用途難以理解的問題來說，連續號碼命名和技術式命名是半斤八兩，但是連續號碼命名因為結構難以修改而更為嚴重。

就算接手的專案使用了技術式命名，也可以用目標式名稱設計來重新修改名稱。把名稱細分之後，再根據用途來分割類別。

但是，連續號碼命名就無法如此處理。現有的類別或函式已經以編號作為管理方式，如果不繼續使用連續號碼命名，原有的編號秩序就會被破壞。這可能會引來想用編號管理的其他開發人員的反對。因此，重新命名就變得非常困難。

在這種管理的強制力之下，每次加入新規格的時候，就會傾向於在現有函式裡新增功能。也就是說，連續號碼命名容易使程式碼轉變為業務腳本模式。

連續號碼命名在大規模的專案中很常見。這種情況需要組織層面上的改善。

10.6　和函式的位置格格不入的名稱

有些函式看起來會和所在的類別不太相襯，感覺應該移到另一個類別才對。這種格格不入的感覺，從名稱就能看得出來。

10.6.1　注意「動詞 + 受詞」的函式名稱

程式 10.19 是在遊戲中表示敵人的 Enemy 類別。請注意裡面 3 個函式的名稱。

✖ 程式 10.19 表示敵人的類別

```java
class Enemy {
  boolean isAppeared;
  int magicPoint;
  Item dropItem;

  // 逃跑。
  void escape() {
    isAppeared = false;
  }

  // 消耗魔力。
  void consumeMagicPoint(int costMagicPoint) {
    magicPoint -= costMagicPoint;
    if (magicPoint < 0) {
      magicPoint = 0;
    }
  }

  // 把物品加入主角的隊伍中。
  // 若成功就回傳 true。
  boolean addItemToParty(List<Item> items) {
    if (items.size() < 99) {
      items.add(dropItem);
      return true;
    }
    return false;
  }
}
```

好像哪裡怪怪的？我們可以從主題的角度來思考看看。

Enemy 類別的主題是「敵人」。處理魔力的 consumeMagicPoint() 看起來和敵人有關聯，但 addItemToParty() 卻是關於主角的持有物品，顯然和敵人這個主題不符。

取得物品的時機僅限於擊敗敵人的時候嗎？並不是。在迷宮的寶箱或重要事件也可能會獲得物品。從迷宮的寶箱裡獲取物品的時候，呼叫 Enemy.addItemToParty() 函式是很不自然的做法。但是如果把 Enemy.addItemToParty() 的功能也實作在處理迷宮的類別裡，又會導致程式碼重複。

不只是這個遊戲案例，許多軟體都會把主題不相符的函式放進類別裡。實作過程很匆忙、或者硬是想用現有的類別來完成實作的情況，都會出現這種問題。

而且，這種不符合主題的函式，經常會採用「動詞 + 受詞」的命名方式。

這種命名方式容易導致和類別職責無關的函式混入。如果普遍使用這種命名方式，像是把金錢加到主角隊伍的 addMoneyToParty()，或是結束戰鬥場景的 endBattleScene()，都可能會被加進 Enemy 類別。如果沒有建立良好的類別創建習慣，這種趨勢會更加明顯。如果函式命名缺乏規律，就可能會在一個類別裡不斷出現不同職責的函式。

10.6.2　盡量以單一動詞命名

要防止不同主題的函式混在一起，最好的做法是盡量以單一動詞來設計名稱。原本的受詞則是設計為新的類別。具體的做法如下：

「動詞 + 受詞」的函式
　　↓
以受詞的概念建立新的類別。
在該類別中加入單一動詞的函式。

用這個做法來處理 addItemToParty() 函式吧。這個函式會把物品加進隊伍的物品清單中，所以我們要把「隊伍的物品清單」這個概念直接做成一個類別。然後，在這個類別裡定義一個 add() 函式，用來把物品加入物品清單。如此就能得出程式 10.20 這樣的一級集合模式。

程式10.20 表示隊伍物品清單的類別

```java
class PartyItems {
  static final int MAX_ITEM_COUNT = 99;
  final List<Item> items;

  PartyItems() {
    items = new ArrayList<>();
  }

  private PartyItems(List<Item> items) {
    this.items = items;
  }

  PartyItems add(final Item newItem) {
    if (items.size() == MAX_ITEM_COUNT) {
      throw new RuntimeException("無法持有更多物品。");
    }

    final List<Item> adding = new ArrayList<>(items);
    adding.add(newItem);
    return new PartyItems(adding);
  }
}
```

圖10.13 設計類別時，確保函式的名稱為單一動詞

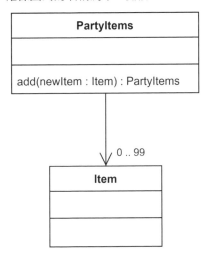

這樣就完成了 PartyItems 類別，裡面有個用單一動詞表示的函式 add()（見圖 10.13）。如此一來，無論是敵人身上掉落的物品，或是從寶箱獲得的物品，都可以呼叫 PartyItems 類別來操作。以此類推，也可以在 PartyItems 裡面再加上一個 remove() 函式來刪除物品。

10.6.3　位置不適當的 boolean 函式

和「動詞 + 受詞」為名稱的函式類似，回傳 boolean 型別的函式也經常被定義在不適合的類別裡。

程式10.21 檢查混亂狀態的函式

```
class Common {
  // 如果成員處於混亂狀態就回傳 true。
  static boolean isMemberInConfusion(Member member) {
    return member.states.contains(StateType.confused);
  }
}
```

在程式 10.21，有一個名為 isMemberInConfusion() 的函式定義在 Common 類別裡面，用於檢查遊戲中的角色（隊伍成員）是否處於混亂狀態。從主題的角度來思考這個函式的定義位置是否恰當吧。混亂狀態和隊伍成員有關，定義在表示成員的 Member 類別應該比較適合，而定義在 Common 類別則不太自然。如果沒有注意功能的主題，這種 boolean 函式就會常常被實作在職責不符的類別裡。

其實有一種簡單的方法可以判斷函式是否放在適合的類別。boolean 函式通常會以 is、has、can 等等作為名稱的開頭。我們可以用簡單的英語來思考，把類別名稱加在函式名稱前面，組成一個句子：

```
類別名稱 + 函式名稱
```

舉例來說，假設在 Member 類別裡有一個 isHungry() 函式，加在一起就是：

```
This member is hungry.
```

「這個成員是饑餓的」，這句話看起來沒有問題。再來用這個方法檢查 Common 類別。

```
Common is member in confusion.
```

這個句子非常不通順，應該要重新組合，以 Member 作為主詞。

```
Member is in confusion.
```

這樣就自然多了。判定成員是否處於混亂狀態的函式應該定義在 Member 類別裡。

⬤ 程式 10.22 根據英文造句的通順程度來移動函式

```
class Member {
  private final States states;

  boolean isInConfusion() {
    return states.contains(StateType.confused);
  }
}
```

新增 boolean 函式的時候，都可以像這樣造句讀讀看，用句子的合理性來評估函式的合適位置。

10.7 過度縮寫的名稱

使用縮寫作為名稱也要特別注意。

10.7.1 意義不明的簡略名稱

有時因為不喜歡較長的名稱，就會用縮寫來取名。不過程式 10.23 究竟在計算什麼，真的有人看得懂嗎？裡面寫了 Fee，似乎是某種費用的計算，但是縮寫實在太過簡略了，沒辦法理解確切的用途。

❌ 程式 10.23 太簡略的名稱

```
int trFee = brFee + LRF * dod;
```

這其實是計算租金總額的公式，「基本費用 + 逾期費用 * 逾期天數」。

如果有註解或說明文件，或許還可以看懂。但如果沒有，就必須從其他程式碼推斷功能，非常浪費時間。而且就算有註解，也可能不會多做維護，很容易變成退化的註解（見 11.1 節）。

10.7.2　原則上不使用縮寫

過去不鼓勵程式碼使用太長的名稱，是因為容易打錯字，或是需要花很多時間複製貼上。不過現在使用的編輯器普遍有自動完成功能，不太需要擔心費時或打錯字的問題。

儘管會稍微麻煩一些，但還是建議不要使用縮寫。

程式 10.24 不使用縮寫，確保他人能理解

```
int totalRentalFee = basicRentalFee + LATE_RENTAL_FEE_PER_DAY *
daysOverdue;
```

這不只針對變數名稱，函式、類別、套件的名稱也都一樣。完整寫出名稱可以提高可讀性，對其他團隊成員或未來的自己都會有所幫助。

但也不是完全禁止使用縮寫。筆者認為，如果縮寫是通用的術語，那就可以使用。例如 SNS 或 VIP 這樣的縮寫，已經非常普及且有明確含義，就是可以接受的。

10.7.3　其他命名完整度的規範

for 迴圈裡的計數變數通常會以 i 或 j 這種單一字母表示。有些程式語言，例如 Go 語言，也偏好使用較簡短的變數名稱。

對於縮寫的接受範圍有各種不同的看法。筆者個人的立場是希望盡可能不要省略，以傳達完整含意為主要目標。

如果想使用較短的名稱，務必確保不會造成意義不清等問題。例如計數變數 i 或 j，變數範圍非常小而且沒有意義混淆的風險，就可以使用。

每種程式語言都有其慣例，考慮到這些因素，最好還是由團隊共同決定命名方式。

第 **11** 章

註解
──讓程式更穩定、更易修改的文字──

　　註解的用意是在閱讀程式碼時幫助理解。然而，寫註解時若不謹慎，註解也可能化身惡魔，成為 bug 的來源。

　　本章會列出在閱讀時干擾理解的註解範例。接著解釋如何寫出有助於理解程式碼的註解，提高軟體的穩定度與後續修改的準確性。

11.1　退化註解

　　遊戲中經常可以看到角色在中毒時，圖示會變成痛苦的表情。程式 11.1 是一段虛構的程式碼，用於更改成員的表情。

✖ 程式11.1 用註解說明會更改表情的狀態

```
// 在中毒或麻痺狀態把表情改為痛苦。
if (member.isPainful()) {
  face.changeToPainful();
}
```

　　從註解可以瞭解，`member.isPainful()` 會判斷成員是否處於中毒或麻痺狀態。乍看之下，這似乎是個友善又好懂的註解。可是隨著開發進行，程式碼的實作方式發生變化，註解的效果也會隨之改變。

　　程式 11.2 是 `isPainful()` 函式的本體。

✖ 程式11.2 仔細一看，發現註解並不正確

```
class Member {
  private final States states;

  // 在痛苦狀態時回傳 true。
  // 在中毒或麻痺狀態時回傳 true。
  boolean isPainful() {
    if (states.contains(StateType.poison) ||
        states.contains(StateType.paralyzed) ||
        states.contains(StateType.fear)) {
      return true;
```

```
    }

    return false;
  }
}
```

這裡的註解也寫「在中毒或麻痺狀態時回傳 true」。但仔細檢查內容，發現包含 3 種狀態的判斷。poison 表示中毒、paralyzed 表示麻痺、fear 表示恐懼，其中恐懼狀態是註解沒有提到的。現實中的程式碼也經常發生這種情況，這是為什麼呢？

原因在於，相較於程式碼，註解更不容易維護。

在最初的規格中，isPainful() 僅判斷中毒和麻痺。這時可能就會友善地（？）註明需要判斷哪些狀態。然而，後續規格持續更改，新增恐懼狀態之後問題就出現了。程式碼發生變化時，註解也應該同步更新，但如果太忙或粗心，就可能忽略註解的維護。

當註解的資訊開始跟不上實作內容時，註解就成了假資訊。像這樣因為資訊過時而無助於理解程式碼的註解，就是**退化註解**。

退化註解的假資訊會造成閱讀時的混亂，導致潛在的 bug。

為了避免退化註解的出現，應該在實作過程同步更新註解，但還需要注意以下幾點。

11.1.1　註解只是程式概念的劣化副本

不僅是程式碼，在一般的溝通中，對話和文字都只是真實想法的劣化副本。當然，類別和函式的名稱以及註解，也都是這樣的劣化副本，內心的想法一定會在傳遞過程中損失精度。因此，我們更需要妥善設計命名與註解，讓想法能夠盡可能準確地傳達出來。

11.1.2　只描述功能的註解最容易退化

程式 11.2 直接把程式碼的功能寫成註解。從劣化副本的角度來看，這種描述功能的註解最容易退化。

首先，這種註解在每次修改程式碼之後都必須更新。就像 isPainful() 的例子，只要新增恐懼狀態就必須更新註解。如果不小心忘記更新，程式碼和註解就會脫節。

再來，這其實就只是一種傳聲遊戲。就算本來打算直接描述程式功能，也可能有所誤會而寫出錯誤的註解；參考這段註解的人又可能再次理解錯誤。最後可能出現錯得離譜的結果。

因此，只描述功能的註解既無助於理解，又可能成為假訊息對程式碼造成損害，一點用都沒有。

另外，如下一節所述，過度依賴註解還可能會導致命名不當。

11.2　用註解掩飾不良的命名

再提一個常見的不良註解案例。程式 11.3 是一個在遊戲裡的判斷函式。可以理解這用來判斷什麼嗎？

✖ 程式11.3 很難看懂用途的函式

```
class Member {
  private final States states;

  boolean isNotSleepingAndIsNotParalyzedAndIsNotConfusedAndIsNotStoneAndI
sNotDead() {
    if (states.contains(StateType.sleeping) ||
        states.contains(StateType.paralyzed) ||
        states.contains(StateType.confused) ||
        states.contains(StateType.stone) ||
```

```
    states.contains(StateType.dead)) {
  return false;
  }

  return true;
  }
}
```

其實這是一個用來判定「角色是否可以行動」的函式。在 RPG 的遊戲角色可能會因為睡眠、麻痺、混亂等狀態而無法行動。這個函式會檢查角色的狀態來判斷角色是否可以行動，可是從函式名稱完全無法理解其用途。遇到這種情況，很多人就會加上註解來重新說明函式的功能。

✖ 程式11.4 重新說明功能的函式

```
// 不在睡眠、麻痺、混亂、石化、死亡狀態，就能行動。
boolean isNotSleepingAndIsNotParalyzedAndIsNotConfusedAndIsNotStoneAndIsN
otDead() {
```

重新說明的註解會造成什麼影響呢？前面提過，這種註解容易退化，如果之後將「恐懼」也設為無法行動的狀態，就必須特地再更新註解。而且函式名稱裡沒有提到「恐懼」，和實作內容之間會出現落差。

對於這種不良函式，不應該用註解補充說明，而是應該對函式名稱本身進行改善。

⬤ 程式11.5 改善函式的名稱

```
class Member {
  private final States states;

  boolean canAct() {
    // 限制行動的規格更改時應檢查此函式。
    if (states.contains(StateType.sleeping) ||
        states.contains(StateType.paralyzed) ||
        states.contains(StateType.confused) ||
```

```
      states.contains(StateType.stone) ||
      states.contains(StateType.dead)) {
    return false;
  }

  return true;
  }
}
```

提高函式的可讀性之後，就不需要依賴註解的說明了。這樣就減少了註解退化的可能性。

11.3　註解應標示用途及更改規格的注意事項

程式碼會在什麼情況下被仔細檢視呢？最常見的情況是維護和更改規格的時候。

維護程式碼時，維護人員關心的是「這段程式的用途是什麼」。更改規格時，開發人員關心的是「要從哪裡下手才能安全地完成修改」。我們應該在把程式碼的用途和更改規格的注意事項寫在註解裡，才能滿足這些實際需求。

程式11.6 把用途和更改規格的注意事項寫在註解

```
class Member {
  private final States states;

  // 在痛苦狀態時回傳 true。
  boolean isPainful() {
    // 需更動異常狀態引起的表情變化時，修改此函式。
    if (states.contains(StateType.poison) ||
        states.contains(StateType.paralyzed) ||
        states.contains(StateType.fear)) {
      return true;
    }
```

```
    return false;
  }
}
```

11.4　註解原則總結

註解的原則總結如下，請見表 11.1。

表11.1　註解原則

原則	說明
修改功能時須同時修改註解。	不修改註解會導致註解與功能不一致，成為退化註解，造成困擾。
註解不應只是描述程式碼的內容。	對可讀性幾乎沒有貢獻，還會讓註解更難維護，同時也容易產生退化註解。
不應用註解解釋可讀性差的程式碼，應直接改善程式碼的可讀性。	會讓註解更難維護，同時也容易產生退化註解。
應該把程式碼的用途和更改規格的注意事項寫在註解裡。	有助於在維護和更改規格時減少工作量與失誤。

11.5　註解文件

有些程式語言有內建的註解文件規格。註解文件是一種特定的註解格式，按照格式撰寫就可以自動生成 API 文件，或是在 IDE 顯示註解內容的訊息窗。例如 Java 的 Javadoc、C# 的 Documentation comments、Ruby 的 YARD。

這裡以 Java 的 Javadoc 為例來說明。程式 11.7 從 /** 到 */ 的範圍就是 Javadoc 格式的註解，內容是 add() 函式的說明。

程式11.7　用 Javadoc 格式編寫的註解

```
class Money {
  // 中略

  /**
   * 加總金額
   *
   * @param other 要加總的金額
   * @return 加總後的金額
   * @throws IllegalArgumentException 貨幣單位不同時拋出例外
   */
  Money add(final Money other) {
    if (!currency.equals(other.currency)) {
      throw new IllegalArgumentException("貨幣單位不同。");
    }

    int added = amount + other.amount;
    return new Money(added, currency);
  }
}
```

帶有 @ 符號的項目，如 @param 和 @return 就是 Javadoc 的標籤。Javadoc 標籤可以在註解中對引數、回傳值等加上說明。表 11.2 是一些常用的 Javadoc 標籤。

表11.2　常用的 Javadoc 標籤

Javadoc 標籤	用途
@param	參數的說明
@throws	拋出例外的說明
@return	回傳值的說明

按照這種格式寫下註解，就可以自動生成 API 文件。IntelliJ IDEA、Eclipse 等 IDE 都有內建此功能，其他如 Visual Studio Code 也可以另外安裝輸出 Javadoc 的延伸模組。

圖 11.1 HTML 格式的 API 文件

Method Details

add

Money add(Money other)

加總金額

Parameters:

other - 要加總的金額

Returns:

加總後的金額

Throws:

IllegalArgumentException - 貨幣單位不同時拋出例外

此外，在 IDE 把游標放在程式碼上面時，彈出的訊息窗也會顯示註解內容（見圖 11.2）。這樣就可以在呼叫函式的位置參考註解的說明，不需要特地找到函式的定義，大大提高了可讀性。

圖 11.2 在 IDE 也會顯示說明，非常方便（圖為 Visual Studio Code 畫面）

Money Money.add(Money other)

加總金額

- **Parameters:**
  ○ **other** 要加總的金額
- **Returns:**
  ○ 加總後的金額
- **Throws:**
  ○ IllegalArgumentException - 貨幣單位不同時拋出例外

```
Currency yen = Currenc
Money money1 = new Mon
Money money2 = new Mon
Money money3 = money1.add(money2);
```

C# 的 Documentation comments 和 Ruby 的 YARD 也有類似的功能。這對於提高開發效率，尤其是對程式碼的維護大有裨益。請務必充分利用。

MEMO

第12章

函式
─優秀的類別必有優秀的函式─

本章將探討函式的設計方法。

函式設計的優劣與類別設計密切相關。如果函式設計不良，就會對類別設計造成不良影響，反之亦然。

接下來我們暫時不談類別，集中討論如何設計函式。在前幾章已經提過的函式設計概念也會在本章再次整理。想瞭解函式設計方法的讀者可以多加參考本章。

12.1　使用同一類別的成員變數

設計函式來安全地操作成員變數，可以確保類別內部的正常運作（詳見第 3 章）。

雖然有少數例外情況，不過原則上應該確保函式裡會使用同一個類別的成員變數，否則就會變成偽裝的靜態函式（5.1 節）。

例如程式 3.18 的 `Money.add()` 就具備安全操作成員變數 `amount` 的功能。還有，建構函式是用來創建實例的特殊函式。設計完整的建構函式，並在建構函式中設置防衛子句，也有助於安全操作成員變數。

另外如程式 5.14 所示，函式不應該修改其他類別的成員變數，否則會導致低內聚。如果想要用函式修改某類別的成員變數，就應該把函式直接實作在該成員變數的類別中。

12.2　以不可變為基礎以防止意外行為

會修改成員變數的函式可能會意外影響外部，產生無法預期的行為。執行結果變得難以預測，就會增加維護的難度（4.2.2 節）。

設計函式時應以不可變的設定來確保內容穩定，防止意外行為（4.2.5 節）。

12.3 只下令、不詢問

像 5.6 節的 equipArmor() 那樣，判斷其他類別的狀態或是改變其他類別的值，這種「愛管別人閒事的函式結構」是一種低內聚結構。

讀取成員變數值的函式可以稱為 getter，設值的函式則稱為 setter。

✕ 程式12.1 getter 和 setter

```java
public class Person {
  private String name;

  // getter
  public String getName() {
    return name;
  }

  // setter
  public void setName(String newName) {
    name = newName;
  }
}
```

getter 和 setter 的設計很容易創造出「愛管別人閒事的函式結構」，在開發生產力較差的軟體原始碼經常會看到。

不應該把類別的內容抓到函式的呼叫端做複雜的處理，而是要遵循「只下令、不詢問」（Tell, Don't Ask）原則，設計得像 5.6.1 節的 Equipments 類別一樣，把複雜的程序放在被呼叫的函式端。

12.4 CQS（命令查詢分離）

程式 12.2 的函式會同時執行狀態的更改和讀取。

✕ 程式12.2 進行狀態更改和獲取。

```
int gainAndGetPoint() {
  point += 10;
  return point;
}
```

同時執行狀態更改和讀取的函式容易造成混淆，使用時也很不方便。無法單獨讀取或更改是很不好的設計。

有一種稱為 CQS（command - query separation，命令查詢分離）的概念，規定函式只能設計為修改（command）或讀取（query）其中之一，將兩者分離（見表 12.1）[註1]。

表12.1 函式類型

函式類型	說明
command	更改狀態
query	回傳狀態

gainAndGetPoint() 同時執行了 command 和 query，雖然在少數例外情況有此必要，但原則上應該盡量避免。

遵循 CQS 的概念，gainAndGetPoint() 應該要分離為兩個簡單的函式。

註1　請注意，這與 10.5.1 節提到的 CQRS 不同。

程式12.3 將命令和查詢分離為不同的函式

```
/**
* 增加點數 (command)
*/
void gainPoint() {
  point += 10;
}

/**
* 回傳點數 (query)
* @return 點數
*/
int getPoint() {
  return point;
}
```

12.5 引數

引數應該要作為輸入值來使用。以下列舉設計函式時關於引數的注意事項：

12.5.1 引數應設為不可變

更改引數就會改變引數值的含義，之後要推測含義就會更困難。而且要找出更改的位置也很不容易。

引數都應加上 `final` 修飾符，設為不可變。如果需要更改引數，應該另外宣告一個不可變的區域變數，把更改後的值代入該區域變數（4.1.2 節）。

12.5.2　不要使用旗標引數

6.6 節裡使用旗標引數的函式會讓人難以猜測用途。想要理解實際功能的話，就需要查看函式內部的程式碼。這會降低整體的可讀性。

需要旗標引數來切換流程時，應採用其他機制，例如改為使用策略模式。

12.5.3　不要傳 null

以 null 為預設值的設計會導致 NullPointerException 等問題，以及 null 檢查氾濫而引起的程式碼複雜化（9.6 節）。

程式應該設計為「在正常狀態絕不會將 null 傳入引數」。

不把 null 作為引數的設計，也就是 null 完全不具任何意義的設計。例如 9.6.1 節的範例，使用 Equipment.EMPTY 來表示沒有裝備的狀態，而不是使用 null。

12.5.4　不要使用輸出引數

如同在 5.4 節的解釋，使用輸出引數會造成低內聚的結構。引數應該作為輸入值使用。如果把引數當作輸出值，閱讀時會容易混淆，降低可讀性，因此應避免使用。

12.5.5　儘可能減少引數

設計時應盡可能使用少量的引數（5.5 節）。

使用大量引數的函式之中，光是處理每個引數就已經需要相當複雜的程式碼，容易成為各種惡魔的溫床。

如果有增加引數數量的需求，可以考慮整理成一個新的類別，就像
5.5 節的 MagicPoint 類別一樣。

12.6 回傳值

在回傳值的設計中也有一些注意事項。

12.6.1 用型別表達回傳值的用途

程式 12.4 的 Price.add() 函式回傳了一個價格，型別是 int。

程式 12.4 基本資料型別無法明確表示用途

```
class Price {
  // 省略
  int add(final Price other) {
    return amount + other.amount;
  }
}
```

使用 int 這種基本資料型別，往往會讓人在 return 之後看不懂值的
用途，就像程式 12.5 的狀況。productPrice 本身是 Price 型別的物
件，但 add() 函式回傳的卻是 int 型別。而且，折扣金額和運費也都是
用 int 型別表示。

程式 12.5 難以理解各項金額的用途

```
int price = productPrice.add(otherPrice);                // 商品價格的總額
int discountedPrice = calcDiscountedPrice(price);        // 折扣金額
int deliveryPrice = calcDeliveryPrice(discountedPrice);  // 運費
```

在金額計算的過程中經常有許多種不同計算，分別需要處理不同金額項目。用 int 型別回傳函數結果的話，就會難以分辨各個值代表什麼金額。例如可能一不小心就會混淆運費和商品價格。

✖ 程式12.6 誤傳引數

```
// 應該將運費傳給 DeliveryCharge()，
// 卻誤傳成商品總價。
DeliveryCharge deliveryCharge = new DeliveryCharge(price);
```

因此不應使用基本資料型別，使用自定義型別是很重要的，可以明確表達回傳值的用途。

下面的 add() 函式範例回傳的是 Price 型別，可以清楚表明回傳的是價格。

◉ 程式12.7 明確表達回傳值是價格

```
class Price {
  // 省略
  Price add(final Price other) {
    final int added = amount + other.amount;
    return new Price(added);
  }
}
```

同樣地，其他金額如果也使用自定義的型別，就能更加清晰表達其用途。由於型別不同，如果傳錯引數，編譯器也會檢測到。

◉ 程式12.8 金額類型一目瞭然

```
Price price = productPrice.add(otherPrice);
DiscountedPrice discountedPrice = new DiscountedPrice(price);
DeliveryPrice deliveryPrice = new DeliveryPrice(discountedPrice);
```

12.6.2 不要回傳 null

同理於不要對函式傳入 null，也不要讓函式回傳 null。

12.6.3 不要用回傳值報錯，應該拋出例外

程式 12.9 是個錯誤處理的不良示範。

✖ 程式12.9 用 Location 型別的特殊狀態來代表錯誤

```
// 表示位置的類別
class Location {
  //省略

  // 移動位置
  Location shift(final int shiftX, final int shiftY) {
    int nextX = x + shiftX;
    int nextY = y + shiftY;
    if (valid(nextX, nextY)) {
      return new Location(nextX, nextY);
    }
    // (-1, -1)代表錯誤值
    return new Location(-1, -1);
  }
}
```

Location.shift() 是一個用於移動位置的函式，如果移動後的座標無效，則會回傳 Location(-1, -1) 作為錯誤值。

在這種實作中，呼叫端需要知道回傳的 Location(-1, -1) 代表錯誤值，而且還需要另外在呼叫端做錯誤處理。如果不小心忘記錯誤處理，Location(-1, -1) 就可能會被視為正常值進入後續處理，從而引發 bug。

一個值若可以有複數含意，就會造成**歧義**（double meaning）的問題。像 Location(-1, -1) 就是把回傳座標當成錯誤訊息來使用的歧義。歧義值的實際意義會根據情況而不同，閱讀時容易混淆。為了根據情況來判斷意義，還需要到處設置條件分歧。例如到處都需要判斷座標值是否為 Location(-1, -1)，再加上分支來處理錯誤，這會讓程式碼變得非常複雜。設計時應該避免歧義的狀況發生。

正如 9.7.2 節所述，對異常狀態不可寬容，應該立刻拋出例外而不是回傳錯誤值。

⭕ **程式 12.10** 錯誤應該以拋出例外的方式處理

```
// 表示位置的類別
class Location {
  //省略

  Location(final int x, final int y) {
    if (!valid(x, y)) {
      throw new IllegalArgumentException("異常的位置");
    }

    this.x = x;
    this.y = y;
  }

  // 移動位置
  Location shift(final int shiftX, final int shiftY) {
    int nextX = x + shiftX;
    int nextY = y + shiftY;

    return new Location(nextX, nextY);
  }
```

Column

函式的名稱設計

函式的結構性問題有時會表現在名稱上（關於命名可參考第 10 章）。

「動詞 + 受詞」形式的函式名稱 (10.6.1 節) 很可能會破壞單一責任原則。應該盡可能讓函式名稱保持為單一動詞，並另外設計類別（10.6.2 節）。

除此之外，也要注意 boolean 函式（10.6.3 節）出現在不恰當的位置。

Column

謹慎使用靜態函式

靜態函式無法操作同一個類別的成員變數（5.1 節），這會導致資料的儲存和操作分離，成為低內聚的源頭。

靜態函式的使用應該限制在不需要擔心低內聚的情況，例如工廠函式（5.2.1 節）或橫向相連的區塊（5.3.3 節）。

MEMO

第 13 章

建模

─類別設計的基石─

本章將解釋建模，也就是設計的藍圖。

將事物的特徵和關聯圖像化，使運作原理和機制更容易理解 / 解釋，這就是所謂的**模型**（model），製作模型的動作則稱為**建模**（modeling）。

如果不事先建模，就容易寫出難以修改、容易招來惡魔的程式碼。我們會先解釋忽略建模會造成哪些危害，再說明該如何以建模防止這些危害。

本書使用 UML 類別圖來繪製模型。但請注意，與常規的類別圖不同，在本書只會顯示屬性，不顯示操作[註1]。也請留意這不是用於資料庫設計的 ER 模型。

本書不會講解繪製模型的詳細步驟，而是以常見的問題作為說明的主軸。

13.1　容易陷入邪惡結構的 User 類別

首先以 Web 服務中經常出現、用來表示已註冊使用者的 User 類別作為案例。

由於要承受常態性的規格變更，User 類別很容易產生問題。這裡以虛構的程式碼來說明可能出現的問題。

假設我們要開發一個新的電商網站，建立了 User 類別，實作為在程式 13.1 這樣的程式碼，內含註冊所需的最基本資訊。

註1　模型的繪製方式因人而異。筆者選用 UML 類別圖是基於個人對於編寫方便的偏好。

✖ 程式13.1 User 類別

```
class User {
  int id;                     // 識別ID
  String name;                // 名稱
  String email;               // 電子郵件
  String passwordDigest;      // 密碼
}
```

再來也建立了管理已註冊使用者的 UserManager 類別（圖 13.1）。

隨後，因為還需要儲存商品的取貨地址、電話號碼以及買家的個人資料，如自我介紹、生日等等，新增了各種規格，User 類別變得具有許多成員變數。

✖ 程式13.2 逐漸增加各種成員變數

```
class User {
  int id;                     // 識別ID
  String name;                // 名稱
  String email;               // 電子郵件
  String passwordDigest;      // 密碼
  String address;             // 住址
  String phoneNumber;         // 電話號碼
  String bio;                 // 自我介紹
  String url;                 // URL
  int discountPoint;          // 紅利點數
  String themeMode;           // 顯示主題顏色
  LocalDate birthday;         // 出生日期
  // 省略其他更多的成員變數。
}
```

網站上線不久後，有人提案要把規格修改為其他業者也可以上架商品，於是決定調整 User 類別，讓法人也可以註冊。User 類別為此加入了統一編號，以確認業者身份。

✖ 程式13.3 連統一編號都放進成員變數

```
class User {
  // 省略
  String corporationNumber;   // 統一編號
}
```

除了原有的 UserManager 類別外，也另外創建了管理法人使用者的 CorporationManager 類別（圖 13.1）。

圖13.1 藏有問題的 User 類別

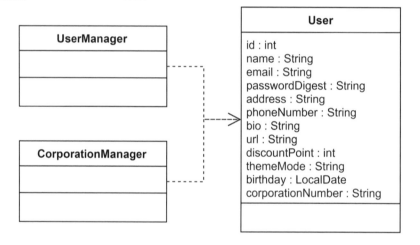

然而，很快就出現了各種 bug。

在 CorporationManager 出現了 NullPointerException，因為表示統一編號的 User.corporationNumber 為 null。調查發現，原因是錯誤讀取了在 UserManager 註冊的 User 物件。因為 UserManager 僅考慮消費者，並沒有登記統一編號。

另一方面，在 UserManager 也出現了 NullPointerException，因為表示出生日期的 User.birthday 被設為 null。這是因為在 CorporationManager 註冊的 User 被錯誤讀取，而 CorporationManager 並未登記法人的生日。

Bug 還不只這些。在 CorporationManager 的 User.name 還發生了驗證錯誤。在 CorporationManager 註冊的名稱只能包含中文字，但是誤讀了在 UserManager 註冊的 User，名稱裡可以有羅馬字母。

User 類別的成員變數就像這樣出現各種錯誤。要讓網站正常運作，就必須到處插入 null 檢查的條件分支，補上防範 bug 的程式碼，漸漸成為難以維護的專案。

以上就是 User 類別的虛構災難情景。不過在實際的產品程式碼之中，類似的情況也不少見。

為什麼會發生這樣的問題呢？簡而言之，就是因為模型設計不佳。

13.2　模型的思考方式和理想的結構

模型的功用是描述系統的結構。因此要理解模型之前，首先要理解系統到底是什麼。

13.2.1　什麼是系統？

我們所熟悉的世界由各種社會活動組織而成，例如交通、工作、娛樂、購物等等。這些活動都是由系統執行的。

圖 13.2 人們執行的「社會活動」

　　辭典裡系統的定義是「兩個或兩個以上相互有關聯的單元，為達成共同任務時所構成的完整體」。這個描述有些抽象，應該不太容易理解吧 註2 。

　　舉例來說，人類可以交替移動雙腳來步行前往目的地，這就是一種用雙腳行走的系統。在溝通方面，說話者使用發聲器官說話，聽者藉由耳膜聽到聲音，這是一種使用聲波的交流系統。人類會像這樣使用各種系統來進行社會活動。現在聽到「系統」這個詞常會聯想到電子、機械設備，但人體內的器官和組織也是很精細、複雜的系統。

　　除了器官之外，人類還發明了各種工具和機器。在交通方面，發明了馬車、汽車、飛機等等。在溝通方面，則有信件、電話、SNS 等等。

　　交通方式除了步行之外，也可以用汽車或飛機等系統取代。也就是說，這些社會活動可以從一個系統轉移到另一個系統。

註2　出自教育部《重編國語辭典修訂本》。

那麼為什麼會出現汽車等其他系統呢？

與步行相比，汽車或飛機等系統可以更快抵達目的地。創建這些新系統是為了提高達成目標的效率。**系統是達成目標的手段**。技術的本質就是能力的擴張。

13.2.2　系統結構與建模

世上眾多便利的系統都具備獨特的結構。描述系統結構的工具就是模型。

例如電動汽車由蓄電池、轉動車軸的馬達以及馬達轉速控制裝置等等組成（圖 13.3）。

圖 13.3 電動汽車的結構

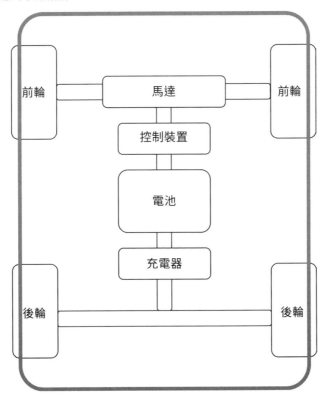

這些由簡單方塊組成、用於說明系統結構的圖表，就是一種模型。而所謂的建模就是定義模型的用途並設計模型的過程。

系統是實現目標的手段，而模型則是系統的組成基礎。換句話說，**模型的內容就是實現特定目標的最基本元素**。記住這裡強調的這句話，這對於後續內容的理解非常重要。

13.2.3　軟體設計的建模

軟體設計的模型會是什麼樣子呢？我們用電商網站為例來想像一下。

電商網站是用於交易商品的系統，讓交易的效率變得更高，為人們帶來待在家裡就能取得商品的便利生活。

電商網站的商品會有什麼樣的模型呢？商品之中包含各種相關元素（資訊）：商品名稱、原價、售價、製造日期、製造商、組成部件、部件材質、部件製造商、賞味期限、有效期限等等，可以近乎無止境地列出來（圖 13.4）。

如果這全都要納入模型，模型的功用就會變得很模糊，需要處理的資料會爆增，現實中是不可行的。

圖13.4　功能不明確的巨大商品模型

商品
ID
商品名稱
原價
售價
製造日期
製造商
使用年限
對應通訊規格
組成部件
部件材質
部件製造商
賞味期限
有效期限
…

在前面的說明中，模型是「實現特定目標所需的最基本元素」。那就把目標限縮一下吧。

先設想訂購商品的情境所需要的最基本元素，可以列出商品 ID、商品名稱、售價和庫存數量。把這些元素用模型來表示。

圖13.5 按照目標定義的商品模型

訂購時的商品模型　　　　　　　　　　送貨時的商品模型

那在送貨的時候呢？運送時不需要考慮售價或庫存數量，但是需要一些與商品包裝相關的元素，例如商品的尺寸和重量。

訂購和送貨的目標不同，不同的目標就需要不同的商品模型（圖 13.5）。

13.3　不良模型的問題和解決方法

現在從模型的角度來檢視開頭提到的 User 類別有什麼問題。這裡會把 User 類別當作模型來解釋。

模型是指「實現特定目標所需的最基本元素」。那麼，User 模型的目標是什麼呢？

出生日期和個人檔案有關，但統一編號和個人檔案有關嗎？顯然是無關的。統一編號是和法人的資料驗證有關。那電子郵件和密碼呢？這些和個人檔案或法人資訊都無關，是用於登入驗證的資訊。其他還有像顯示主題顏色等等各有不同用途的元素。

在前面的 User 類別（模型）範例**毫無規劃地把 User 用於好幾種用途，看似是在建模，但實際上並非如此**。這樣的模型被稱為**缺乏一致性**。

許多網路服務裡都會創建 User 類別。然而，隨著各種功能新增，使用者的相關資訊不斷加進 User 類別，就會導致一致性漸漸流失。這會帶來很多嚴重的問題。

設計品質不佳的案例中，常常見到沒有嚴格建模，只是讓程式碼「剛好可以動」的情況。如果沒有正確建模，就會出現像 User 類別這樣的問題。理解對象的社會活動和目標，是建模的重要關鍵。

圖13.6 建模需要對目標進行觀察並提取要素

13.3.1 User 與系統的關係

該如何對 User 類別（模型）進行良好的建模呢？

這個問題要從「User 是什麼」開始探討。User 可譯為用戶、使用者，那麼「使用者」所「使用」的是什麼呢？使用的就是這個系統。因此，可以把 User 定位為「系統的使用者」。

在 UML 中，有一種用於描述系統使用情境的用例圖（use case diagram）。圖中會有寫著用例的系統四方形，系統的使用者則表示為行動者（actor）（圖13.7）。

圖13.7 電商網站的用例

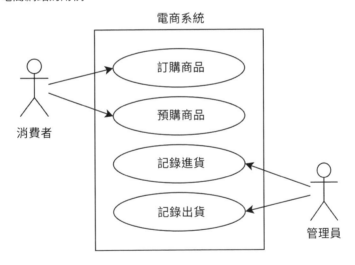

從圖 13.7 可以看出，行動者（即系統的使用者）位於系統的外部。回到系統的定義，系統是為了提高社會活動的效率而創造、使用的。把 User 當作系統的一部分，感覺好像不太自然。仔細想想，商品在物理上也應該在電商系統的外部。可是像名稱、出生日期、電子郵件還有售價、庫存等等關於使用者和商品的要素，卻都是系統運作不可或缺的。我們勢必要解決這種矛盾的關係。其中的關鍵就在於「資訊系統與物理系統（如汽車或飛機）有著截然不同的特徵」。

13.3.2　呈現虛擬世界的資訊系統

　　資訊系統的基礎是電腦，電腦是由 0 和 1 組成的數位世界。在電商網站的「訂購」、「付款」等行為都是以電腦中的 01 來表示，沒有實際前往商店購買或拿出現金的行動，只是以 01 位元呈現其概念而已。

　　換句話說，資訊系統是將現實世界的概念投射到電腦的虛擬世界中，和汽車或飛機等物理系統完全不同。資訊系統的運作方式是將現實世界的概念轉換到電腦的虛擬世界中，連結兩端的對應功能，藉由電腦加速概念上的操作，進而提升效率。

13.3.3　依目標分別建模

　　從這項特點出發，就可以忽略商品和使用者的實體詳細資訊，只把投射到虛擬世界的概念部分建為模型。不過如果直接把使用者建為 User 模型，還是無法解決模型一致性的問題。

　　有一個很好的線索可以處理這個問題，就是在求職過程中使用的履歷、簡歷和推薦信。這些都是表達求職者個人特性的媒介。每一種媒介都有不同的表達方式和名稱，並沒有像「User」這樣統一的名稱。由此可知，呈現一名使用者的方式取決於當前的目標，名稱和形式都可能不同，並不是唯一不變的。

　　模型是「實現特定目標所需的最基本元素」。所以就依據各個目標來建立不同的使用者模型吧。關於使用者的建模，還有一個很明確的例子。

圖 13.8 GitHub 的使用者設定項目

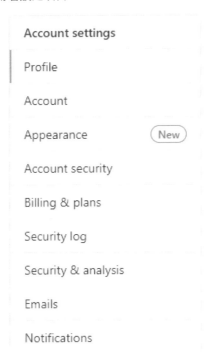

圖 13.8 是 GitHub 的使用者設定介面，其中根據不同的目標分類成許多項目。要解決登入驗證問題就選「Account」項目、要修改生日或自我介紹等個人設定就選「Profile」。像這樣分隔使用者的需求後，若遇到個人和法人使用者有不同需求，也可以把 Account 項目劃分為個人和法人，解決模型功能混亂、不一致的問題。

現實世界的物理存在和資訊系統的模型不一定是一對一的關係，也可能是一對多的關係，這是非常重要的特點（圖 13.9）。掌握這個特性是提升設計品質的關鍵。

圖13.9 基於不同目標而建立複數模型的狀況很常見

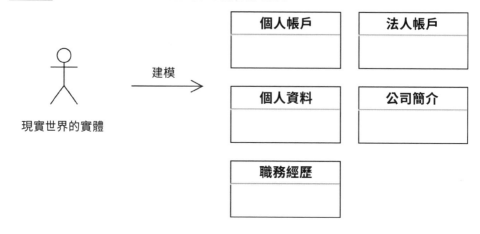

從另一個觀點來看，也可以說 User 這個名稱太含糊了，解釋為個人使用者或法人使用者都行。應該依照目標式名稱設計（見第 10 章）的原則，重新設計為具體且直接表達目標的名稱。

基於目標重新設計名稱之後，可得出這樣的結果。

表13.1 基於目標所設計的名稱

目標	基於目標的名稱
個人驗證	PersonalAccount
法人驗證	CorporateAccount
資料呈現	Profile

另外補充，本章開頭的 UserManager 也是太籠統的名稱。應該根據目標來拆分為負責個人認證的 PersonalAccountAuthentication 類別、對應個人資料更新的 UpdateProfileUseCase 類別等等會更好。

13.3.4　模型不是物品，而是達成目標的手段

建模過程之所以不順利，或許部分原因在於將模型視為物品而非手段。

不論是使用者還是商品，若當作物品來看待，就會被用於各種不同的目標，填入各種資料後變得過於龐大，最終產生不一致的結構。

模型是系統的一部分，是實現目標的手段。只要意識到這項本質，就可以更順利地建模。

以使用者的模型為例，`PersonalAccount` 是個人驗證的手段，`Profile` 則是呈現資料的手段。

聰明的讀者可能已經注意到，把模型視為「實現目標的手段」與第 10 章的目標式命名設計是相似的概念。**借助目標式名稱設計，就可以設計出更精確實現目標的模型。**

13.3.5　單一責任就是單一目的

這種模型與目標的關係，也和 8.1.3 節提到的單一責任原則有關。

`User` 類別的問題源於把 `User` 使用在複數無關的目標。就像程式 8.1 中，`DiscountManager.getDiscountPrice()` 也被用於一般折扣價格和夏季折扣價格兩種目標，承擔了兩份責任。

從這些例子可以看出目標和責任是相對應的，筆者認為單一責任原則其實就是**單一目標原則**，也就是「類別的目標應該僅限於一個」。

有些人可能認為類別應該被設計為「通用的、可重複使用的零件」。但事實並非如此，相反地，**專注於特定目標的設計，才能造就更具彈性、更高品質的結構**。

對設計有所瞭解的開發環境裡，常會聽到「按照職責來設計」這種話。雖然總是把「職責」掛在嘴邊，但有些人可能還是不太理解「職責」這個詞的含義。

在這種情況就改為專注在「目標」吧。畢竟**系統是為了實現某種目標而建立的，目標當然比責任更為明確**。

13.3.6　模型的檢討方法

如果發現類別的結構有問題，就表示模型也有問題。如果模型出現扭曲、不自然或不一致的情況，應進行以下檢討流程：

● 清楚列舉該模型試圖達成的所有目標

● 對每個目標分別建立獨立模型

● 以目標式名稱設計對模型命名

● 若模型中混入目標之外的要素，就重新執行檢討流程

13.3.7　模型和實作必須相互回饋

模型僅是對系統的簡化描述，並不涉及細節。後續才會根據模型設計類別並實作程式碼。

但「模型＝類別」這條等式並不一定成立。應將模型視為由一個或多個類別組成的結構。

圖13.10 模型和類別的差異

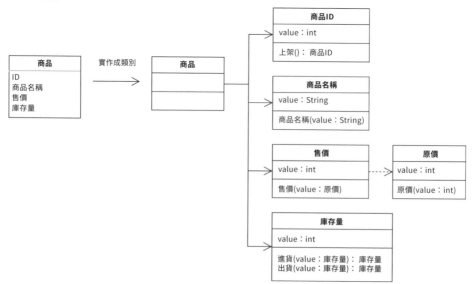

在類別和程式碼的最終修整階段，常常會發現某個基本的操作要素被略過了，一開始就忘記要實作。

設計類別和實作的過程中，任何在意的事情都應該回饋到模型端。藉由這些回饋來更新模型，可以提升模型的準確性，進一步讓依據模型來設計的類別和程式碼也得以提升品質。

如果不持續回饋，模型結構和程式碼就會漸行漸遠，特地建立的模型也就白費了，無法啟動改進和創新的循環。

持續運轉的回饋循環是提升設計品質的秘訣。

13.4 影響功能性的建模

功能性是軟體品質的性質之一，指的是滿足客戶需求的程度（見 15.1 節）。接著要探討的是功能性與建模之間的關係。

13.4.1 找出隱藏在背後的真正目標

電商網站「購買商品」功能的建模，如果把商品、價格等元素納入考慮，可能會得出類似圖 13.11 的模型。

圖13.11 「購買商品」的真正目標是什麼呢？

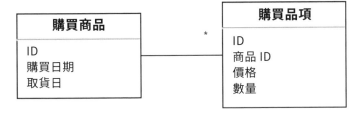

但是這個模型可能無法發揮應有的功能性。這是因為「購買商品」隱藏了真正的本質，沒有被發現。

許多電商網站的使用條款會規定，「使用者購買商品的操作將視為成立交易契約」，「購買商品」實際上是一種交易契約。一旦納入法律的面向，情況就完全不同了，建模時必須考慮的構成要素也會發生變化。

交易契約中需要指定支付款項的條件，如支付日期和付款方式。在圖 13.11 的模型裡並沒有關於支付條件的要素。如果建模時沒有納入法律層面，當賣方和買方發生爭議時，系統可能就無法發揮法律效力，也無法有效解決問題。這就會成為功能性的欠缺。

圖 13.12 加入法律要素，改為交易契約模型

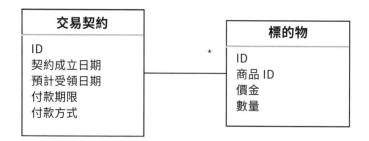

完整發揮功能性的前提是找出功能的本質概念，發現被隱藏起來的重要目標（圖 13.12）。

13.4.2 促進功能創新的「深層模型」

鯖魚和秋刀魚。如果面前有這兩個模型，該如何進行抽象化呢？沒有其他線索的話，可能會像圖 13.13 這樣，以魚類的概念來抽象化。

圖 13.13 抽象化為魚類

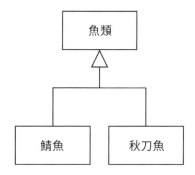

　　如果再加入豬呢？以生物學分類的角度，可能會變成圖 13.14 這樣。

圖 13.14 看不出目標的結構

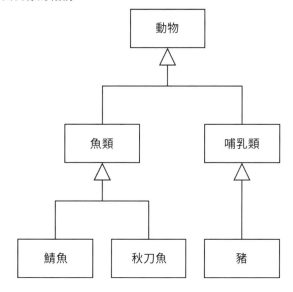

　　但是這種抽象化的做法並不能表現出各個模型所扮演的角色。

　　前面提過，模型是實現目標的手段。建模的用意並不是將不同概念分類、歸納，而是思考各種概念如何作為某種目標的實現手段。舉例來說，鯖魚、秋刀魚和豬可以抽象化為「攝取營養的手段」，呈現為圖 13.15。

圖 13.15 除了飲食以外也有其他營養攝取方式

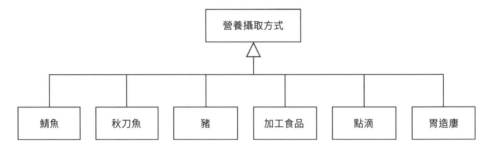

除了動物肉之外也可以從加工食品攝取到營養。此外，還可以考慮飲食以外的手段，例如點滴或胃造廔。只要把模型設想為實現目標的手段來進行抽象化，模型就會具備擴展的可能性。

圖13.16 交通工具的發展

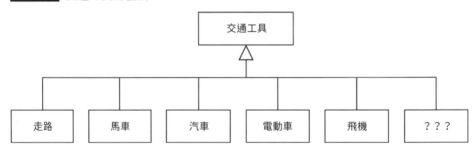

圖 13.16 的走路和馬車都是交通方式的具體實作，汽車和飛機也都是。但是這些交通工具卻有完全不同的結構。

雖然目標是相同的，但不同的結構會造就不同的達成效率。創新的結構和機制可以帶來功能性的改進。

下一代的交通方式會是什麼樣的機制呢？說不定不再是交通工具，而是瞬間移動裝置呢。在軟體領域也出現過各種創新。例如在網際網路上資訊的傳播方式，BBS、電子郵件和個人部落格曾經是主流，但是Facebook、Twitter 等社群網站的出現改變了這一切（圖 13.17）。

圖13.17 改革資訊傳播方式的社群網站

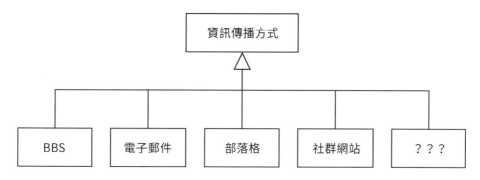

例如 Twitter 的轉推功能，可以將轉推的訊息顯示在追隨者的時間軸上。這種機制讓有話題性的推文得以非常迅速地擴散。在資訊傳播功能方面，Twitter 和舊有的傳播方式之間有本質上的差異。

這項轉推功能可以視為資訊傳播手段的模型，可以轉換追隨者接收到的資訊（時間軸）。優秀的系統總是具備優秀的轉換能力。顯示器將接收到的數位信號轉換為色彩，顯示出豐富的圖像。電商網站將幾個簡單的點擊操作轉換為訂購和付款程序，使我們能夠在家裡購買商品。

電腦的本質就是 0 與 1 的訊號轉換，以及基於訊號轉換的運算功能。設計出具有優秀轉換能力的模型，將能促進功能性的創新。像這種可以解決本質問題、對機能性的改革做出貢獻的模型，在《Domain-Driven Design》（見 10.2.4 節）書中稱之為「**深度模型**」（deep model）。

深度模型的建立並不是一蹴而就的。經歷反覆的嘗試錯誤和改進模型，轉變現有的思維，才能打造出深度模型，實現重大突破。

設計無法一口氣就抵達終點，每天持續改進才是成功的關鍵。

MEMO

第 14 章

重構

─讓舊有程式碼脫胎換骨的技術─

之前的章節討論了如何設計類別、寫出理想的程式碼，以避免招來惡魔。需要寫新的程式碼時，只要按照這些方針進行設計和實作即可。但是，如果現存的產品中已經存在結構不佳的程式碼，又該怎麼辦呢？

這就是需要以「重構」來處理的情況。

14.1　重構的流程

重構（refactoring）是指在不改變外部行為的前提下整理程式碼的結構。本章要介紹的就是重構的做法。

重構需要修改程式碼，也因此可能導致行為改變而產生錯誤，所以一般會用單元測試等手段來確保行為不會改變，這會在 14.2 節介紹。現在先來看一下重構的基本流程。

這次以網路漫畫服務為例。在這個網路漫畫服務可以使用內部點數來購買漫畫。

若滿足以下所有條件，就可以進行漫畫的購買程序：

● 消費者的帳戶是可使用的狀態

● 欲購買的漫畫正在銷售中

● 消費者的點數足以支付購買漫畫需消耗的點數

程式 14.1 是執行購買程序的類別，已經在實作在產品之中。

✗ 程式14.1 需要重構的程式碼

```
class PurchasePointPayment {
  final CustomerId customerId;          // 消費者的 ID
  final ComicId comicId;                // 欲購買的漫畫的 ID
  final PurchasePoint consumptionPoint; // 購買需消耗的點數
  final LocalDateTime paymentDateTime;  // 購買時間
```

```
PurchasePointPayment(final Customer customer, final Comic comic) {
  if (customer.isEnabled()) {
    customerId = customer.id;
    if (comic.isEnabled()) {
      comicId = comic.id;
      if (comic.currentPurchasePoint.amount <= customer.
possessionPoint.amount) {
        consumptionPoint = comic.currentPurchasePoint;
        paymentDateTime = LocalDateTime.now();
      }
      else {
        throw new RuntimeException("持有點數不足。");
      }
    }
    else {
      throw new IllegalArgumentException("此漫畫目前無法購買。");
    }
  }
  else {
    throw new IllegalArgumentException("此帳戶無法使用。");
  }
}
```

14.1.1　解開巢狀結構，提高可讀性

　　PurchasePointPayment 類別的建構函式會進行購買的條件檢查。判斷條件的 if 組成多層的巢狀結構，非常難以判讀。

　　我們可以採用提早 return（6.1 節）的做法解開 if 的巢狀結構，也就是把條件反轉。程式 14.2 把第一個 if（customer.isEnabled()）反轉再重新組織，保持和原本相同的行為。

🔧 **程式14.2** 反轉條件、解開巢狀結構

```
PurchasePointPayment(final Customer customer, final Comic comic) {
  if (!customer.isEnabled()) {
    throw new IllegalArgumentException("此帳戶無法使用。");
  }
```

```
  customerId = customer.id;
  if (comic.isEnabled()) {
    comicId = comic.id;
    if (comic.currentPurchasePoint.amount <= customer.possessionPoint.
amount) {
      consumptionPoint = comic.currentPurchasePoint;
      paymentDateTime = LocalDateTime.now();
    }
    else {
      throw new RuntimeException("持有點數不足。");
    }
  }
  else {
    throw new IllegalArgumentException("此漫畫目前無法購買。");
  }
}
```

其他兩個 if 的條件也一樣反轉和整理。

程式14.3 反轉並整理其他 if 的條件式

```
PurchasePointPayment(final Customer customer, final Comic comic) {
  if (!customer.isEnabled()) {
    throw new IllegalArgumentException("此帳戶無法使用。");
  }
  customerId = customer.id;
  if (!comic.isEnabled()) {
    throw new IllegalArgumentException("此漫畫目前無法購買。");
  }
  comicId = comic.id;
  if (customer.possessionPoint.amount < comic.currentPurchasePoint.
amount) {
    throw new RuntimeException("持有點數不足。");
  }
  consumptionPoint = comic.currentPurchasePoint;
  paymentDateTime = LocalDateTime.now();
}
```

14.1.2　將程式碼依照意義排序、整理

檢查付款條件的判斷式裡混入了對 `customerId` 和 `comicId` 的賦值。這兩類操作交錯進行，造成流程的不連貫。

條件檢查和賦值的程序應該分別整合、重新排列，讓賦值集中在檢查完成後進行。

程式14.4 把條件檢查和賦值分別整合

```
PurchasePointPayment(final Customer customer, final Comic comic) {
  if (!customer.isEnabled()) {
    throw new IllegalArgumentException("此帳戶無法使用。");
  }
  if (!comic.isEnabled()) {
    throw new IllegalArgumentException("此漫畫目前無法購買。");
  }
  if (customer.possessionPoint.amount < comic.currentPurchasePoint.
amount) {
    throw new RuntimeException("持有點數不足。");
  }

  customerId = customer.id;
  comicId = comic.id;
  consumptionPoint = comic.currentPurchasePoint;
  paymentDateTime = LocalDateTime.now();
}
```

現在程式碼的可讀性有了明顯的提升，不過還有一些地方可以進一步改善。

14.1.3　提高條件式的可讀性

判定消費者帳戶狀態是否可使用的條件式 `if (!customer.isEnabled())` 用了邏輯否定「`!`」，需要把「可使用的否定」轉換為「無法使用」，稍微難以理解。

可以在 Customer 類別新增一個 isDisabled() 函式，在帳戶無法使用時回傳 True。同樣地，在 Comic 類別也可新增 isDisabled() 函式。PurchasePointPayment 建構函式則改為呼叫這兩個函式用於條件判斷。

程式14.5 消除邏輯否定，提高可讀性

```
PurchasePointPayment(final Customer customer, final Comic comic) {
  if (customer.isDisabled()) {
    throw new IllegalArgumentException("此帳戶無法使用。");
  }
  if (comic.isDisabled()) {
    throw new IllegalArgumentException("此漫畫目前無法購買。");
  }
```

14.1.4　把詳細流程替換為表達用途的函式

在 PurchasePointPayment 建構函式裡判斷所持點數是否不足的方式，是這個長長的條件式 if (customer.possessionPoint.amount < comic.currentPurchasePoint.amount)。並不是每個人都能一眼看出這麼長一串條件式的意義是什麼。

像這種坦露在外的計算流程如果越來越多，會嚴重影響可讀性。雖然現在還只有一行，也應該先整理為一個函式，並設計一個目標明確的名稱。在 Customer 類別可以新增一個 isShortOfPoint() 函式，檢查所持點數是否不足。

程式14.6 用函式名稱表達用途

```
class Customer {
  final CustomerId id;
  final PurchasePoint possessionPoint;

  /**
   * @param comic 欲購買的漫畫
```

```
 * @return 持有點數不足就回傳 true
 */
boolean isShortOfPoint(Comic comic) {
  return possessionPoint.amount < comic.currentPurchasePoint.amount;
}
```

再把 PurchasePointPayment 建構函式的詳細條件式替換為
Customer.isShortOfPoint()。

⭕ 程式12.7　換成表達用途的函式

```
class PurchasePointPayment {
  final CustomerId customerId;          // 消費者的 ID
  final ComicId comicId;                // 欲購買的漫畫的 ID
  final PurchasePoint consumptionPoint; // 購買需消耗的點數
  final LocalDateTime paymentDateTime;  // 購買時間

  PurchasePointPayment(final Customer customer, final Comic comic) {
    if (customer.isDisabled()) {
      throw new IllegalArgumentException("此帳戶無法使用。");
    }
    if (comic.isDisabled()) {
      throw new IllegalArgumentException("此漫畫目前無法購買。");
    }
    if (customer.isShortOfPoint(comic)) {
      throw new RuntimeException("持有點數不足。");
    }

    customerId = customer.id;
    comicId = comic.id;
    consumptionPoint = comic.currentPurchasePoint;
    paymentDateTime = LocalDateTime.now();
  }
}
```

以上就是重構程式碼的簡單流程。然而，實際的產品程式會更加複
雜，重構的難度也更高。不管再怎麼仔細地進行重構，人類的注意力也是
有限的，稍有失誤就可能改變程式行為，埋下 bug。

到底該如何安全進行重構呢？

14.2　以單元測試防止重構失誤

其中一個最可靠的手段就是單元測試。單元測試泛指以小型功能單位進行操作驗證的測試，通常會使用測試框架和測試程式碼，以函式為單位來驗證。這一節使用的單元測試也是以測試程式進行。

許多人都說「重構一定要搭配單元測試！」，兩者通常會一起進行。可是會引來惡魔的邪惡程式碼，通常本來就缺乏測試。要重構這樣的程式碼，第一步就是先準備測試程式。這裡將說明如何為沒有測試的產品程式撰寫測試，然後再進行重構。

程式 14.8 是計算電商網站的商品運費並回傳的函式。

✖ 程式14.8 需要重構的程式碼

```java
/**
 * 送貨管理類別
 */
public class DeliveryManager {
  /**
   * 回傳運費。
   * @param products 送貨對象的商品清單
   * @return 運費
   */
  public static int deliveryCharge(List<Product> products) {
    int charge = 0;
    int totalPrice = 0;
    for (Product each : products) {
      totalPrice += each.price;
    }
    if (totalPrice < 2000) {
      charge = 500;
    }
    else {
```

```
        charge = 0;
    }
    return charge;
}
```

14.2.1 整理程式碼裡的問題

電商網站的規格經常設定為根據購買商品的總金額來計算運費，就像這個函式的功能。這個函式的結構有一些問題。在動手進行重構之前，要先釐清確切的問題及理想的結構。

首先，這個函式被定義為 `static`。靜態函式裡操作資料的功能可以和儲存資料的部分分離，容易變成低內聚的結構。由於「運費」是一種表示金額的概念，應該設計為值物件會更好。

再來，這個函式內部直接計算了商品的總金額，但總金額應該會在很多種情境中用到，例如查看購物車、使用折價券等等。如果每個情境都像這個函式一樣自己計算，就會成為重複的程式碼。這會導致規格變更時容易遺漏修改，讓程式碼更加難以更動。由於計算總金額是 `List` 型別的操作，因此可以採用一級集合模式（7.3.1 節）的設計。

14.2.2 搭配測試的重構流程

現在開始解釋用測試程式重構的做法。安全進行重構的方式有很多，這裡採用的只是其中一種。需要注意，這種方式在已經相對瞭解理想結構的情況下會比較為有效。

1. 創建符合理想結構的雛形類別

2. 寫出雛形類別的測試程式

3. 讓測試失敗

4. 以最少的程式碼讓測試成功

5. 在雛形類別內呼叫需要重構的程式碼

6. 逐步重構程式碼直到測試通過

創建符合理想結構的雛形

首先要創建符合理想結構的雛形類別。例如一個表示購買商品清單的
類別，也就是購物車的雛形。

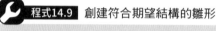 程式14.9　創建符合期望結構的雛形

```
// 購物車
class ShoppingCart {
  final List<Product> products;

  ShoppingCart() {
    products = new ArrayList<Product>();
  }

  private ShoppingCart(List<Product> products) {
    this.products = products;
  }

  ShoppingCart add(final Product product) {
    final List<Product> adding = new ArrayList<>(products);
    adding.add(product);
    return new ShoppingCart(adding);
  }
}
```

商品類別 Product 則是實作為程式 14.10。

程式14.10 商品類別

```
class Product {
  final int id;
  final String name;
  final int price;

  Product(final int id, final String name, final int price) {
    this.id = id;
    this.name = name;
    this.price = price;
  }
}
```

接下來創建一個表示運費的雛形類別。計算總金額的函式預定會實作在 ShoppingCart 類別，所以這裡直接將 ShoppingCart 物件作為參數傳進建構函式就可以了。

程式14.11 表示運費的雛形類別

```
class DeliveryCharge {
  final int amount;

  DeliveryCharge(final ShoppingCart shoppingCart) {
    amount = -1;
  }
}
```

這個階段的 ShoppingCart 和 DeliveryCharge 還不符合規格。我們要先寫出這些類別的測試程式，再逐步把 DeliveryManager 的功能移動到這些類別。

寫出測試程式

接下來就是寫測試程式。運費的規格如下：

● 如果商品總金額不足 2000 圓，運費為 500 圓。

● 如果商品總金額達 2000 圓，則免運費。

測試程式會以這個規格來設計。這裡使用的是 JUnit 測試框架。

程式14.12　雛形類別的測試程式

```
class DeliveryChargeTest {
  // 如果商品總金額不足 2000 圓，運費為 500 圓。
  @Test
  void payCharge() {
    ShoppingCart emptyCart = new ShoppingCart();
    ShoppingCart oneProductAdded = emptyCart.add(new Product(1, "商品A",
500));
    ShoppingCart twoProductAdded = oneProductAdded.add(new Product(2, "商
品B", 1499));
    DeliveryCharge charge = new DeliveryCharge(twoProductAdded);

    assertEquals(500, charge.amount);
  }

  // 如果商品總金額達 2000 圓，則免運費。
  @Test
  void chargeFree() {
    ShoppingCart emptyCart = new ShoppingCart();
    ShoppingCart oneProductAdded = emptyCart.add(new Product(1, "商品A",
500));
    ShoppingCart twoProductAdded = oneProductAdded.add(new Product(2, "商
品B", 1500));
    DeliveryCharge charge = new DeliveryCharge(twoProductAdded);

    assertEquals(0, charge.amount);
  }
}
```

讓測試失敗

　　實作產品程式之前，必須確保單元測試的測試程式本身沒有問題，可以準確得出失敗和成功的結果。如果測試結果不準確，當然就無法測出程式碼的錯誤。

　　現在可以先確認測試的失敗結果。在這個階段執行測試，應該會得出兩項都失敗，那就可以繼續進行下一步了。

讓測試成功

　　接下來是確認測試成功的準確性。因為只是要確認測試程式的結果正確，所以這裡寫的不是實際的程式碼，只是讓程式行為剛好可以通過測試而已。以下修改 DeliveryCharge 類別來產生應有的輸出。

程式14.13 寫出剛好可以通過測試的程式碼，確認測試結果

```
class DeliveryCharge {
  final int amount;

  DeliveryCharge(final ShoppingCart shoppingCart) {
    int totalPrice = shoppingCart.products.get(0).price + shoppingCart.
products.get(1).price;
    if (totalPrice < 2000) {
      amount = 500;
    }
    else {
      amount = 0;
    }
  }
}
```

　　這段程式並沒有真的符合規格，只是剛好可以通過測試而已。

進行重構

　　確認測試程式可以正常運作後，終於可以著手進行重構。我們先在 DeliveryCharge 類別的建構函式裡呼叫需要重構的 DeliveryManager. deliveryCharge() 函式。

程式14.14　在雛形類別中呼叫需要重構的部分

```
class DeliveryCharge {
  final int amount;

  DeliveryCharge(final ShoppingCart shoppingCart) {
    amount = DeliveryManager.deliveryCharge(shoppingCart.products);
  }
}
```

　　目前測試依然是成功的，可以開始逐步進行重構。先把 DeliveryManager.deliveryCharge() 裡的商品總金額計算移植到 ShoppingCart 類別的 totalPrice() 函式。

程式14.15　把總金額的計算複製到雛形類別

```
class ShoppingCart {
  // 省略

  /**
   * @return 商品的合計金額
   */
  int totalPrice() {
    int amount = 0;
    for (Product each : products) {
      amount += each.price;
    }
    return amount;
  }
```

再來要修改 DeliveryManager.deliveryCharge() 參數，改成傳入 ShoppingCart 物件。同時，將商品總金額的計算也替換為 ShoppingCart.totalPrice()。

程式14.16 把參數的型別改為重構後的型別（ShoppingCart）

```java
public class DeliveryManager {
  public static int deliveryCharge(ShoppingCart shoppingCart) {
    int charge = 0;
    if (shoppingCart.totalPrice() < 2000) {
      charge = 500;
    }
    else {
      charge = 0;
    }
    return charge;
  }
}
```

因為修改了 DeliveryManager.deliveryCharge() 的參數，所以 DeliveryCharge 類別裡傳的引數也要修改。

程式14.17 修改引數的型別

```java
class DeliveryCharge {
  final int amount;

  DeliveryCharge(final ShoppingCart shoppingCart) {
    amount = DeliveryManager.deliveryCharge(shoppingCart);
  }
}
```

ShoppingCart 類別的成員變數 products 不會被外部引用，而且從外部直接存取 List 也很危險，應該修改為 private。

 **程式14.18** 將成員變數改為 private

```
class ShoppingCart {
  private final List<Product> products;
```

現在再次執行測試，確認可成功通過。

接下來把 DeliveryManager.deliveryCharge() 函式的功能複製到 DeliveryCharge 類別的建構函式。設定運費金額的部分不再是回傳值，要改為賦值給成員變數 amount（將 amount 初始化）。

程式14.19 複製並整理原功能

```
class DeliveryCharge {
  final int amount;

  DeliveryCharge(final ShoppingCart shoppingCart) {
    if (shoppingCart.totalPrice() < 2000) {
      amount = 500;
    }
    else {
      amount = 0;
    }
  }
}
```

再次執行測試，確認可成功通過。

現在 DeliveryManager.deliveryCharge() 已經不再需要，可以刪除了。

DeliveryCharge 類別仍有可以改進的地方。例如裡面埋藏的 2000、500、0 這些魔法數字（9.3 節），應該替換為常數並設計適當的名稱。

程式14.20 將魔法數字替換為常數

```
class DeliveryCharge {
  private static final int CHARGE_FREE_THRESHOLD = 2000;
  private static final int PAY_CHARGE = 500;
  private static final int CHARGE_FREE = 0;
  final int amount;

  DeliveryCharge(final ShoppingCart shoppingCart) {
    if (shoppingCart.totalPrice() < CHARGE_FREE_THRESHOLD) {
      amount = PAY_CHARGE;
    }
    else {
      amount = CHARGE_FREE;
    }
  }
}
```

　　最後，條件分支可以改寫為三元運算子。這項修改是見仁見智，團隊可以約定一致的做法。最終的產品程式如程式 14.21 和程式 14.22 所示。

程式14.21 運費類別的重構結果

```
/**
 * 運費
 */
class DeliveryCharge {
  private static final int CHARGE_FREE_THRESHOLD = 2000;
  private static final int PAY_CHARGE = 500;
  private static final int CHARGE_FREE = 0;
  final int amount;

  /**
   * @param shoppingCart 購物車
   */
  DeliveryCharge(final ShoppingCart shoppingCart) {
    amount = (shoppingCart.totalPrice() < CHARGE_FREE_THRESHOLD) ? PAY_
CHARGE : CHARGE_FREE;
  }
}
```

程式14.22 購物車類別的重構結果

```java
/**
 * 購物車
 */
class ShoppingCart {
  private final List<Product> products;

  ShoppingCart() {
    products = new ArrayList<Product>();
  }

  private ShoppingCart(List<Product> products) {
    this.products = products;
  }

  /**
   * 新增商品至購物車
   * @param product 商品
   * @return 已新增商品的購物車
   */
  ShoppingCart add(final Product product) {
    final List<Product> adding = new ArrayList<>(products);
    adding.add(product);
    return new ShoppingCart(adding);
  }

  /**
   * @return 商品的合計金額
   */
  int totalPrice() {
    int amount = 0;
    for (Product each : products) {
      amount += each.price;
    }
    return amount;
  }
}
```

圖14.1 重構整理後的類別

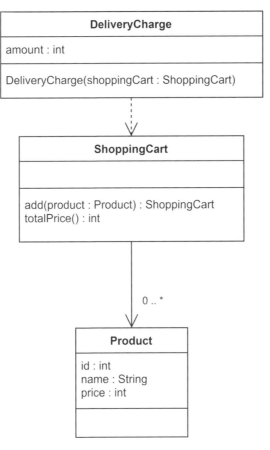

最後執行測試，確認可成功通過，重構就完成了。在重構過程如果大意寫錯，也能立即藉由測試來發現，這樣就可以安全地修改。

14.3　規格不明確時的分析方法

用單元測試進行重構的前提是對規格有明確的理解，才能寫出測試程式。然而，實際開發時也可能需要在不瞭解規格的情況下重構。如果不瞭解規格，就無法寫測試程式來確保重構過程的安全。這時該怎麼辦呢？

在《Working Effectively with Legacy Code》（Michael C. Feathers 著）書中詳細說明了該如何在沒有測試程式的情況下加入測試、安全進行重構。以下簡要介紹其中兩種方法。

14.3.1 規格分析方法 1：特徵測試

假設有個像程式 14.23 這樣的糟糕程式碼。

✕ 程式14.23 從名稱看不出用途的糟糕函式

```java
public class MoneyManager {
  public static int calc(int v, boolean flag) {
    // 省略
  }
}
```

從程式碼無法看出 `calc()` 函式的規格。因為放在 `MoneyManager` 類別裡，可以推測是用於計算金額，但從函式名稱很難推斷實際功能，也看不懂各參數的含義。這種情況沒辦法測試，更不用說安全地進行重構。

這時**特徵測試**（characterization test）就派上用場了。特徵測試是一種分析函式特徵並推測原本規格的手法。

首先，隨便代入一些值來做測試。

程式14.24 特徵測試

```java
@Test
void characterizationTest() {
  int actual = MoneyManager.calc(1000, false);
  assertEquals(0, actual);
}
```

雖然測試失敗，但也得出了下列結果。

程式14.25 確定了回傳的值

```
org.opentest4j.AssertionFailedError:
Expected :0
Actual   :1000
```

看來回傳值可能就是參數 v 的值？這樣就找到了一組正確的輸入、輸出配對。我們把測試程式修改成可以通過。

程式14.26 把測試修改成可以通過

```
@Test
void characterizationTest() {
  int actual = MoneyManager.calc(1000, false);
  assertEquals(1000, actual);
}
```

重覆同樣的過程，持續增加測試的項目，就可以慢慢找出 calc() 回傳值的行為模式。最後從各種引數和回傳值組合出表 14.1。

表14.1 特徵測試結果一覽

引數v	引數flag	回傳值
1000	false	1000
2000	false	2000
3000	false	3000
1000	true	1100
2000	true	2200
3000	true	3300

從這些結果可以得出以下推論：

● 如果引數 flag 為 false，則直接回傳引數 v 的值。

● 如果引數 flag 為 true，則可能以引數 v 進行某種計算。

考慮到 calc() 放在 MoneyManager 類別裡，可以進一步推斷或許是「在 flag 為 true 時計算含稅 10% 的金額」。

就像這樣，特徵測試可以用測試程式逐步勾勒出函式行為的輪廓。

其實只靠特徵測試還是很難掌握完整的規格。通常需要再研究函式內部的程式碼、呼叫函式的情境等等，經過複合的分析才能釐清規格。特徵測試只是追查真正規格的其中一條重要線索。

使用特徵測試等各種分析手法後，就可以對 MoneyManager.calc() 的規格有足夠的認識。之後就可以寫出對應這些規格的測試程式，以 14.2 節的方式進行安全的重構。

14.3.2　規格分析方法 2：試行重構

在前面示範重構運費程式碼時，我們還能大致瞭解函式的結構。但是實際的產品中通常會有更稀奇古怪的程式碼，很難預先安排理想的結構。而且這樣的程式碼往往伴隨著規格不明確的問題。

這種情況可以使用的分析手法是**試行重構**（scratch refactoring）。試行重構不是正式重構，而是嘗試在重構程式碼的過程分析程式碼的結構與用途。

實際做法很單純，直接對程式碼反覆進行重構，不需要寫測試。這個過程會把程式碼整理得更清晰，並帶來以下優點：

● 提高可讀性，對規格有更加深入的理解。
● 找出合適的結構、看出分隔類別和函式的理想邊界，也就是實際重構的目標。
● 找出多餘的程式碼（死碼）。
● 瞭解該如何寫測試程式。

根據試行重構的分析結果，可以規劃適當的結構、寫出測試程式，再進行正式的重構。要注意，試行重構的結果只能用於分析，不可以合併到 repository，完成正式重構後就應該廢棄。

14.4　IDE 的重構功能

IDE 通常都有方便的重構功能，可以準確、自動化地進行重構。

這裡以 Java 的 IDE IntelliJ IDEA 作為範例，介紹其中的兩個重構功能。其他 IDE 如 Visual Studio Code 也有相同功能（需要安裝語言相應的延伸模組），使用方式大同小異。

14.4.1　重新命名

這個功能可以準確地更改類別、函式和變數的名稱，以及專案中所有用到同一個名稱的地方。

以更改區域變數的名稱為例。將游標放在想要更改的變數上，點擊右鍵，在選單選擇 Refactor（圖 14.2）。

圖14.2 選擇要重新命名的變數

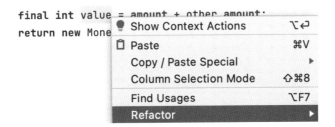

圖14.3 在選單中選擇 Refactor → Rename

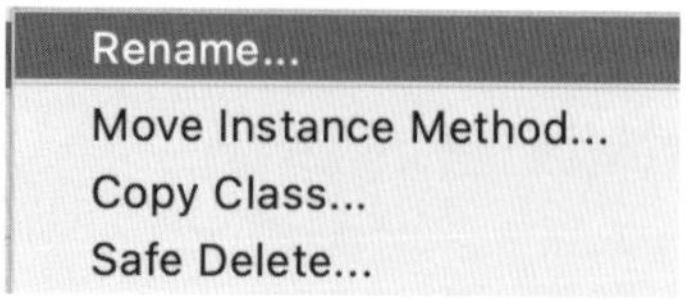

```
Rename...
Move Instance Method...
Copy Class...
Safe Delete...
```

再來選擇 Rename（圖 14.3），選中的變數會反白（圖 14.4）。

圖14.4 更改為適當的名稱

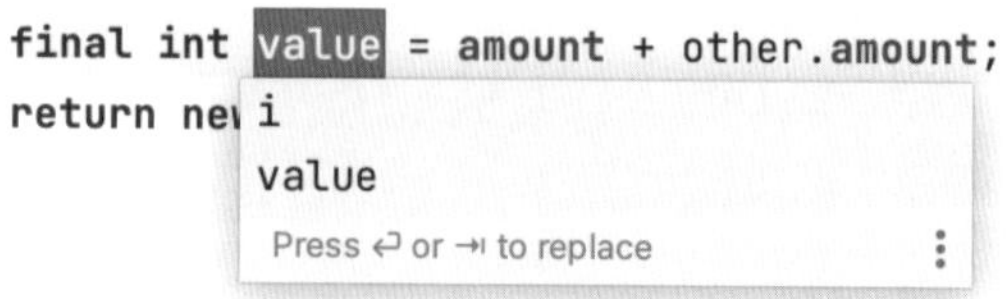

```
final int value = amount + other.amount;
return new i
              value
       Press ↵ or →| to replace          ⋮
```

更改名稱後，所有使用這個區域變數的位置就會同時被修改（圖
14.5）。

圖14.5 所有引用位置都會修改

```
final int added = amount + other.amount;
return new Money(added, currency);
```

這樣就可以省去逐一手動更改的麻煩，避免遺漏，也不必擔心打錯
字、看錯變數範圍，因此更加安全。

14.4.2　擷取函式

這項功能可以把指定的一段程式碼擷取出來，建立為一個新函式。把
想要取出的範圍反白，然後如下操作（圖 14.6）。

圖14.6 選擇要擷取為函式的範圍

```
int damage() {
    int tmp = this.member.power() + this.member.weaponAttack();
    tmp = (int)(tmp * (1f + this.member.speed() / 100f));
    tmp = tmp - (int)(this.enemy.defence / 2);
    tmp = Math.max(0, tmp);

    return tmp;
}
```

點擊右鍵後在選單選擇 Refactor → Extract Method（圖 14.7）。

圖14.7 Extract Method

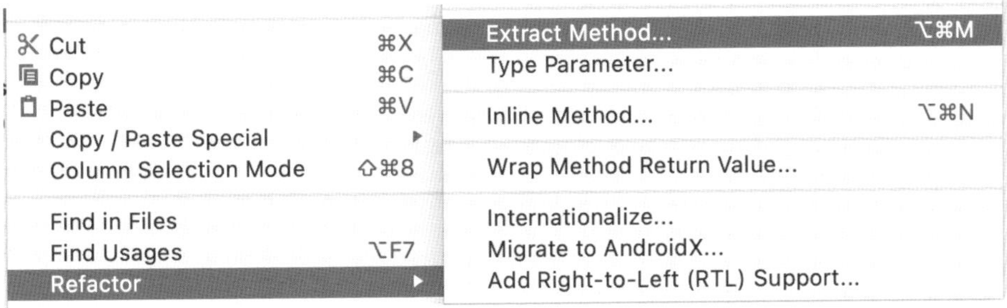

✂ Cut	⌘X	Extract Method...	⌥⌘M
🖹 Copy	⌘C	Type Parameter...	
📋 Paste	⌘V		
Copy / Paste Special	▶	Inline Method...	⌥⌘N
Column Selection Mode	⇧⌘8		
		Wrap Method Return Value...	
Find in Files			
Find Usages	⌥F7	Internationalize...	
Refactor	▶	Migrate to AndroidX...	
		Add Right-to-Left (RTL) Support...	

然後選中的範圍就會被擷取為一個函式。原來的位置會呼叫取出後的函式做為替代（圖 14.8）。

圖14.8 擷取後成為新函式

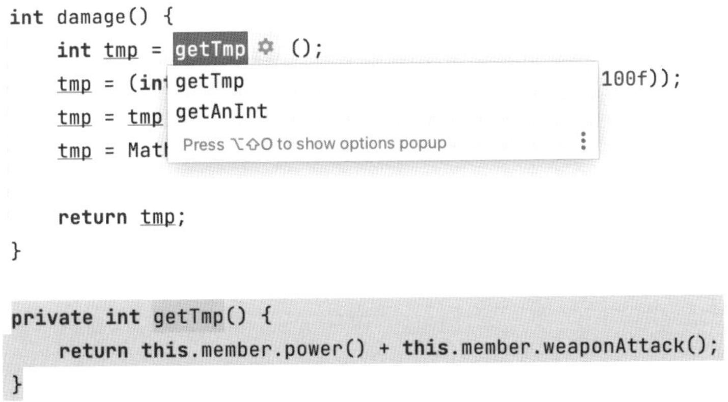

```
int damage() {
    int tmp = getTmp ⚙ ();
    tmp = (in  getTmp           100f));
    tmp = tmp  getAnInt
    tmp = Mat  Press ⌥⇧O to show options popup    ⋮

    return tmp;
}

private int getTmp() {
    return this.member.power() + this.member.weaponAttack();
}
```

擷取的同時，該函式的名稱也會反白，可以在這時設定為適當的名稱
（圖 14.9）。

圖14.9 設定為適當的函式名稱

```java
int damage() {
    int tmp = basicAttackPower ⚙ ();
    tmp = (int)(tmp * (1f + this.member.speed() / 100f));
    tmp = tmp - (int)(this.enemy.defence / 2);
    tmp = Math.max(0, tmp);

    return tmp;
}

private int basicAttackPower() {
    return this.member.power() + this.member.weaponAttack();
}
```

　　這項功能可以用來從大量的程式碼之中取出一塊有特定意義的部分，
非常強大。另外還可以用在「需要測試的部分被埋在大型函式內部而無法
測試」的情況。

　　IDE 還有很多重構功能，建議可以多加認識。

14.5　重構的注意事項

　　重構時有幾點需要特別注意。

14.5.1　不要同時新增功能和重構

　　不要同時新增功能和重構。請專注於其中一項。

　　《Refactoring: Improving the Design of Existing Code》（第 2
版、Martin Fowler 著、2018年）書中把這種兩項工作比喻為「兩頂帽
子」。務必注意同時間只能戴「新增功能的帽子」或「重構的帽子」其中
一頂。

如果不注意「帽子的切換」，很可能就會忘記自己是在新增功能還是
重構。還有，新增功能和重構的 git commit 也一定要分開，否則未來會
難以區分 commit 是用於新增功能還是重構。如果發生 bug，就會難以
分析是新增功能還是重構導致的。

14.5.2 少量修改就 commit

重構應該以非常小的步伐慢慢前進。

重構過程的每次 commit 都應該是一項可以清楚理解的操作。例
如，重構過程若包含更改函式名稱和移動程式碼這兩項操作，就應分為
兩次 commit。如果把兩件事合併在同一次 commit，就會很難確定這次
commit 實際進行了什麼重構。

多次 commit 之後，就可以先建立一個 pull request。不然，如果累
積的變更太多，就可能和其他成員修改的程式碼產生衝突。萬一重構後的
程式碼有問題，太久沒合併也會增加還原的難度。

14.5.3 刪除不必要的功能也是一種選項

軟體的功能都應該有一定程度的貢獻。可是在很多軟體中會發現，某
些功能幾乎不再有貢獻、某些功能有（修不好的）bug、還有一些功能與
其他功能競爭（或相互矛盾）。在這些情況下，重構是不會成功的。

對於有 bug 或相互矛盾的程式碼，無論多麼努力地重構都永遠無法
整合出良好、健全的結構。

至於那些幾乎沒有貢獻的功能，即使付出開發成本來重構，也不會提
高獲益。

進行重構時，經常會遇到某些程式碼阻礙重構的進行。如果造成阻礙
的程式碼和這些無用的功能有關，那規劃對策也只是浪費成本。

因此，在動手重構之前也可以先檢查是否有無用的功能。如果能事先刪除無用的功能或程式碼，那重構也會更加乾淨俐落。

Column

Rails 的重構

筆者的職業是專門進行重構的工程師。這項工作是基於「償還技術債（見 15.2 節）、提高開發生產力」的需求而生的。

筆者目前正在進行 Ruby on Rails（以下簡稱 Rails）專案的重構工作。使用的 IDE 是 RubyMine[註 a]。RubyMine 具有強大的重構功能，非常實用。異常程式碼的檢測功能、類別成員的結構圖、尋找定義位置等功能都很完善，在重構工作中不可或缺。

不過，對於筆者這種在靜態型別程式語言（C#）有十多年開發經驗的人來說，Rails 是一個相當特別的框架（僅是個人意見）。這是因為 C# 的重構技巧並不總是適用在 Rails。

由於 C# 是一種靜態型別語言，IDE 的靜態分析可以精確追蹤類別和函式的呼叫位置。程式碼的影響範圍很容易辨識，藉此可以提高重構的準確度。

另一方面，Rails 是基於動態型別的 Ruby。目前重構的專案是使用 Ruby 2，還沒有型別相關的設計[註 b]，無法像 C# 那樣精確追蹤類別和函式的呼叫位置。例如，RubyMine 雖然可以搜索類別和函式的引用位置，但有時會找到不同類別裡的同名函式，或者是混入一些無關的函式。這時就只能從周圍的程式碼來推測，找到的到底是不是想要的函式。

還有，Rails 是一個以 Active Record[註 c]為中心的 MVC 框架。Active Record 是 MVC 之中的 Model 層，但其設計傾向於和 Controller 以及 View 建立密耦合的結構，把許多便利功能都集中在 Active Record 裡。因此，Active Record 內經常實作與職責不符的各種功能。

筆者的主要重構工作就是從 Active Record 裡分離出不符職責的功能，將其另外設計為一個類別。可是要分離的功能經常依賴於 Active Record 或是 gem[註 d]的便利功能，導致實際的分離工作十分為難。

除此之外還有其他困難，像是 Rails 特有的一些限制，不過重構的工作仍然能穩定前進。在重構的過程中也充分使用了本書介紹的技巧。

例如，如果金額計算實作在與金額完全無關的地方，就將其分離為值物件。使用 is_a? 函式[d][e]做型別檢查通常違反 Liskov 替換原則，應該以適當的抽象化避開型別檢查。

儘管 Ruby 是動態型別語言，但也還是一種物件導向語言，因此可以活用物件導向設計的知識來設計。

也有一些針對 Rails 的處理手法。新分離出來的類別和函式都會使用獨特的命名，避免在搜尋時出現無關的東西。設計名稱時會先在所有原始碼搜尋，確保沒有任何重複的命名。

至於 Active Record 裡的功能，則是不再設法直接分離出來。而是會巧妙地把關於 Active Record 的實用功能封裝，避免影響其他的功能，達到和其他業務隔離、分割的效果。

重構切忌不知變通，應該考慮框架的特性做出調整。

以這種方式分隔出來的類別有明確的職責、影響範圍很小，具備堅固的結構。而且搜尋、修改的性能也可以達到靜態型別語言的水準。

在進行重構時，務必根據語言和框架特性來制定設計和移動程式碼的步驟。

與靜態型別語言相比，動態型別語言的重構難度較高。這是個敦促我們對理想的職責和結構設計更深入思考的契機，在過程中也能提高自己的設計實力。

---

*a　RubyMine 是 JetBrains 公司開發的 Ruby 用 IDE。RubyMine 也備有強大的重構相關功能。

*b　Ruby 3 開始引入關於型別的功能。

*c　和資料庫表格呈一對一關聯的 ORM（Object Relational Mapping）。

*d　Ruby 的函式庫。

*e　相當於 Java 的 instanceof。

MEMO

第 15 章

設計的意義與
設計師的態度

本書以物件導向的類別為核心，探討了設計的方法與重要性。

使用本書的技巧寫出的程式碼，可以輕鬆、快速且準確地修改。如果軟體能被快速修改，就代表其價值也會隨之提升，成為一個有發展性的軟體。

本章將以軟體的成長性為主軸，說明設計的意義以及身為設計師應抱持的態度。

15.1　本書所談論的設計問題

表15.1　軟體產品的品質特性（參考 JIS X 25010:2013）

品質特性	說明	次品質特性
功能適用性	功能符合需求的程度	完整性、正確性、適切性
性能效率	資源效率和性能表現的程度	時間效率、資源效率、適用範圍
相容性	與其他系統共享、交換資訊的程度	共存性、互通性
易用性	使用者能夠滿意使用系統的程度	認知適切性、易學性、操作性、使用者防錯、使用者介面美觀、無障礙
可靠性	因應需求執行功能的程度	成熟性、可用性、容錯性、恢復性
安全性	保護系統免受非法使用的程度	機密性、完整性、不可否認、責任追蹤、真實性
可維護性	修正系統的有效性和效率的程度	模組性、可重用性、可分析性、易修改性、可測試性
可移植性	能夠移植到其他執行環境的程度	適應性、可安裝性、可替換性

表 15.1 為軟體產品的品質特性清單。

例如系統功能可以滿足客戶需求的品質特性稱為「功能適用性」。每個品質特性都有相應的次要特性，功能適用性的次要特性包括完整性、正確性和適切性。

所謂的設計，指的是建構出可以有效解決問題的機制。

而在軟體領域中，設計表示「建立機制以改善某種軟體品質特性」。例如性能效率指的是性能表現方面的品質特性，要提高性能效率就需要性能設計。

那麼本書的設計主要是針對什麼品質特性呢？這就來回顧一下本書的內容吧。

本書解說了在軟體開發中消滅惡魔的設計方法。這些惡魔會帶來各種災難。比如在 debug 和修改規格時，讓人很難辨識程式碼的影響範圍；或是在修改規格時容易遺漏，導致 bug 發生，需要浪費大量時間來仔細檢查直到運作正確。

那麼，這些惡魔的特性與什麼品質特性最為相關呢？答案是「修正系統的有效性和效率」，也就是關於「可維護性」的設計。而可維護性的次要特性之一就是「易修改性」，代表「程式碼能夠以多快的速度修改（且不出現 bug）」。本書討論的正是針對**改進易修改性的設計方法**。

15.2　缺乏設計將導致開發效率下降

在本書中多次提到的「召來惡魔的程式碼」，指的就是易修改性極差的程式碼。

難以修改且容易出錯的程式碼常稱為「**老舊程式碼**」（legacy code）。累積老舊程式碼的結果則稱為「**技術債**」（technical debt）。

如果設計時不顧慮易修改性，開發效率就會下降。下降的原因大致可分為兩類。

15.2.1　原因 1：容易埋藏 bug

修改程式碼時更容易寫出 bug，需要花費大量時間細心修改、檢查，才能避免 bug 出現。

- 內聚結構容易導致修改規格時遺漏，最後成為 bug。
- 由於程式碼難以理解，容易發生實作錯誤，最後成為 bug。
- 容易混入無效的值，經常發生 bug。

15.2.2　原因 2：可讀性下降

可讀性下降，就需要花費更多時間才能正確理解用途。

- 程式碼難以理解，需要花費時間解讀。
- 相關功能四散各處，規格更動時需要耗費更多的精力來尋找。
- 無效值引發 bug 時難以追蹤來源。

15.2.3　伐木工的困境

有一個關於伐木工的寓言故事。

有個伐木工，每天都努力地用斧頭砍伐樹木。

某天，一位路人路過，發現伐木工砍了很久，卻連一棵樹都砍不倒。

仔細一看，才發現斧頭已經鈍了，於是路人說道：「把斧頭磨利，就能輕鬆砍倒樹木了。」

伐木工卻回答：「我可沒有時間去磨利斧頭！」

軟體開發是否也會出現類似的「伐木工困境」呢？寓言中的「砍樹」就像是「實作程式碼」，「磨利斧頭」就像是「設計」。如果不願花時間設計，就會浪費大量時間修改程式和 debug。隨著開發時程逐漸緊迫，最終就可能會落入連設計的時間都沒有的困境。

15.2.4 拼命工作卻不見生產力提升

開發生產力低下，就會很難推出產品的新功能，當然也就難以獲得收益。整個產品會成為一種難有收穫的體質。

在開發現場，為了趕上發布日期而大量加班已經成為一種常態。開發團隊成員必須拼命地反覆實作和修改，確保系統能正常運作。

「我們已經拼命努力過了！」這樣的感覺會深深刻在心中。然而，生產力還是很低落，也沒有得到預期的成果。可想而知，這會令人感到憤怒、失望，在心裡懷疑：「明明我們都拼命了，為什麼還是不見成果？」

但這真的算是拼命努力嗎？其實真正應該拼命的，是拼命設計可以提升生產力的架構。

15.2.5 國家級的經濟損失

缺乏維護的老舊程式碼所導致的生產力下降，究竟會造成多大的損失呢？

假設開發團隊有 20 名成員，每人每天因為老舊程式碼而浪費 3 小時，整個開發團隊每天會損失 60 小時。如果這種情況持續一個月，20個工作日會損失 1200 小時；一年則會損失 14400 小時。

而且這種損失還不只是與老舊程式碼的量成正比。因為**複雜混亂的程式碼容易生產出更混亂的程式碼**。隨著程式碼的規模增長，混亂的程度會呈指數擴大。最終幾乎無法開發新功能，連發布產品都非常困難。

根據日本經濟產業省的資料，在 2025 年技術債導致的經濟損失預計將高達 12 兆日元[註1][註2]。日本 2021 年度的國家預算為 142.5 兆日元（包括補正預算），可見 12 兆是相當驚人的損失。

這樣的虧損正是來自於「積沙成塔」。忽視設計的重要，日復一日放任生產力低落，最終導致國家級的損失。

由此可知，易修改性是一個極其重要的品質特性。

15.3　軟體與工程師的成長性

話說回來，修改程式碼的原因是什麼呢？

想增加軟體產品的價值和吸引力，就需要增加或更改產品的規格，也就必須修改程式碼。程式碼越容易修改，軟體的價值就能提升得越快。這就是軟體的成長。

換句話說，提高易修改性就是提高軟體的成長性。**提高軟體的成長性正是本書的目標。**

如果易修改性低落，會連帶影響軟體的成長性，工程師的能力成長也會受到阻礙。

15.3.1　什麼「工程師的資產」呢？

稍微思考一下，對於工程師而言，什麼才是真正的「資產」？是巨額存款嗎？還是豐厚的薪水？

註1　https://www.meti.go.jp/shingikai/mono_info_service/digital_transformation/pdf/20180907_03.pdf

註2　https://note.com/hirokidaichi/n/n1ce83fa154e5

由於每個人對金錢的價值觀不同，所以存款並不一定就是「對工程師而言的真正資產」。而薪水則是會受景氣波動影響，所以也不太算是工程師的真正資產。

那工程師的資產究竟是什麼？筆者認為，那就是**技術力**。即使沒有積蓄，只要具備技術力，工程師就能在任何地方賺取收入，這正是工程師的財富源泉。這是無可取代的，屬於工程師的寶貴資產。

也因此，劣質的程式碼是一種非常可怕的存在，會阻礙資產的積累，也就是技術力的成長。以下解釋其原因。

15.3.2　劣質程式碼的病毒式擴散

想像這樣的情境：新進員工或職位的繼任者負責開發一個充斥劣質程式碼的產品。

那些前輩或前任負責人所留下的，到底是健康的程式碼，還是老舊、不堪使用的程式碼？這通常很難判斷。接手的人可能會誤以為這是「前輩的範本」或「前任的風格」，進而以相同的方式寫出更多的劣質程式碼。這種情況在技術能力尚不成熟的新進員工身上尤其明顯。

劣質程式碼培養出的人，會寫出更多劣質程式碼，連累所有的工程師。

15.3.3　劣質程式碼會阻礙高品質設計

難到都沒有人注意到劣質程式碼的問題嗎？這樣的人還是有的。

他們可能會嘗試一些設計上的改良。但劣質程式碼通常充滿嚴重不平衡或投機的實作，非常難改造。受到專案的截止日期等因素限制，多數人最終都會放棄改良。

無法累積高品質設計的經驗，這些人也就無法提高設計技能。下次遇到劣質程式碼時，還是一樣沒有足夠的能力和時間動手修改。

15.3.4　劣質程式碼擠壓開發時程

看懂劣質程式碼需要大量的時間，但專案的開發時間是有限的，原本應該用於更有價值工作的時間就減少了。沒辦法做那些有意義的工作，就無法提升設計能力及其他各種技能。

如以上幾點所述，劣質程式碼會阻礙技能的提升，使工程師無法獲得真正重要的資產。

對工程師來說，技術力會直接影響收入。老舊程式碼會阻礙工程師的技能成長，也會阻礙收入的增長。

15.4　解決設計不良的問題

解決這種種問題的可能方式整理如下。

15.4.1　先瞭解問題才能產生設計的意識

一個初學走路的幼兒，獨自在汽車飛馳的馬路附近行走，這是安全的嗎？當然不是。幼兒尚不瞭解交通事故的危險，所以成人會帶著他們走路，並且認真教導交通規則。

程式設計也是如此。如果不瞭解問題，根本就不會產生設計意識。

15.4.2　容易察覺的問題與不易察覺的問題

圖 15.1 是 Philippe Kruchten 定義軟體系統的矩陣[註3]，以「可見 / 不可見」和「正向價值 / 負向價值」這兩個軸劃分為四個象限。

圖 15.1　軟體價值的矩陣

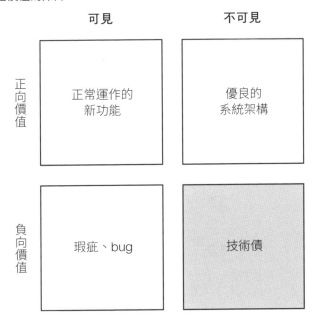

這裡的「可見 / 不可見」指的是「不瞭解軟體架構的人是否能察覺」。

「可見」一側是不瞭解內部結構也能感受的部分，例如使用者可以看到軟體的新功能和 bug。

「不可見」一側的正面價值是架構，而負面價值就是技術債。不熟悉軟體設計的人無法察覺這些內部結構的差異。

註3　PP. Kruchten, R. Nord, I. Ozkaya(2012). Technical debt: From metaphor to theory and practice. IEEE Software, 29(6):18-21, November/December

作為工程師的我們，是否能看見這張圖中「不可見」一側的架構和技術債呢？正如本書一再提及的，如果不知道有哪些惡魔存在、不知道惡魔會造成什麼損害，那就連「看見」技術債都很困難。**讀懂原始碼的能力和察覺技術債的能力是兩種不同的能力。**

15.4.3　認識理想的形態才能察覺問題

這裡以筆者自己熱衷的空手道[註4]作為比喻，說明對技術債的「認知」。空手道不只是揮舞手臂和腳而已，而是以技術效果的最大化為目標，執行合理的行動。請看下圖。

圖15.2　空手道動作能以理論解釋

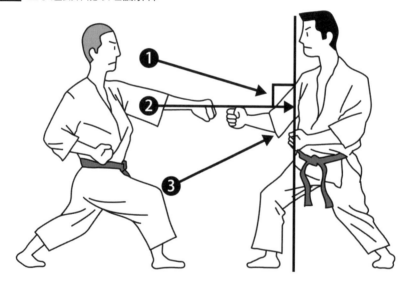

想要將自己拳擊或踢擊的力量 100% 傳給站立的對手，應該選擇什麼樣的攻擊角度呢？答案是圖中的第 2 種，90 度。以傾斜角度攻擊的話，力的向量就會有垂直分量的損失。空手道的技術和動作都是基於這樣的物理理論而產生的。

註4　傳統派空手。

筆者所在的道場的教練會問：

「你現在做的這個動作，該怎麼做才是理想的？你能明確定義嗎？」

「腿的方向、髖關節的角度、肌肉的扭曲程度、膝蓋的位置、重心的位置、手臂的角度、出招的方式⋯⋯。各個細節的理想形態是什麼、為什麼這是理想形態，你能說明清楚嗎？」

教練進一步解釋：

「如果明確定義出理想的形態，那就算沒有我協助也能獨自練習。只要以理想為目標練習就可以了。即使遇到練習的瓶頸，也可以和理想形態相互比較，檢查自己的不足之處。」

「相反的，在缺乏理想定義的情況練習是非常糟糕的。為什麼呢？因為你無法判斷自己正在接近理想還是遠離理想。運氣好的時候可以進步，但如果運氣不好，也無法意識到自己的退步。甚至很可能進一步惡化，陷入惡性循環。因此，沒有在心中描繪出理想形態就進行練習，不僅難以進步，還可能導致動作變差。那還不如不練習。」

這段話不限於空手道，可以推展到所有運動及其他任何技術。

需要解決的「問題」，其實就是理想與現狀之間的差距。描繪出理想的設計，再與現實做比較，就可以察覺技術債的存在。

15.4.4 易修改性難以評估的困境

雖說優良的設計可以減少技術債、讓軟體更容易修改，但該怎麼評估設計的效果呢？

若要評估軟體的性能，可以準備經過最佳化的設計和原本的設計，直接測試執行時間、消耗資源等等，可以輕鬆比對優劣。

但是易修改性通常是以開發生產力來衡量，不像性能，無法即時得出衡量結果。易修改性提升，代表的是未來修改產品的成本將會降低，而且隨著時間推移會越來越明顯。這是需要長期觀察才能顯現效果的產品性質。

到底該如何計算軟體設計的效果呢？最基本的想法可能是對照實驗[註5]，但這種實驗很難實際執行。一來需要很長的時間才能確認成果，二來需要準備兩組開發資源來比對。平時就已經過於繁忙且資源緊缺的情況下，很難投入預算和人力驗證易修改性的改善效果。也許預算充足的企業可以成立研究團隊來驗證，但這樣的企業實在是少之又少（參考 16.2.2 節）。

還有其他的比較方法嗎？如果可以觀察同一個產品經過設計和沒有設計的兩種未來，就可以進行比較。但這種時光機之類的、可以觀測不同未來（平行世界）的技術並不存在！

15.5　判斷程式碼好壞的軟體度量

雖然目前很可惜地無法衡量未來的開發生產力，不過還是有一些指標，可以表示當下程式碼的優劣。這種評量程式碼的複雜度、可讀性等品質的指標，稱為**軟體度量**（software metric）。

本節會介紹幾種軟體度量及其分析工具。

15.5.1　實體程式碼行數

指的是不包含註釋、可以實際執行的程式碼行數。如果行數太多，就可能表示做了太多不必要的事情。函式內的程式碼行數增加時，需要處理

的變數和條件判斷也會增加；條件判斷會使內部流程變得複雜，太多的變數則會難以閱讀、理解。

分析程式碼行數的一個例子是 Ruby 的程式碼分析工具 RuboCop。這個工具預設的程式碼行數上限如表 15.2 所示，如果超過就會提出警告。

表15.2

變數範圍	行數上限
函式	10 行
類別	100 行

儘管不同程式語言實作相同功能所需的行數會有差異，但這個行數限制大致上是合適的[註6]。

如果行數太多，就可考慮將函式或類別分割。

Column

分割類別會讓程式碼更難讀懂嗎？

有些人對於細分的小型類別會感到抗拒。

「分割得太細會很難追蹤流程」、「很難掌握分割後的內部結構」、「雖然類別很大，但可以一次讀完全部內容還是比較好」等等，都是實際聽過的理由。

這裡暫時離題，談談每種程式語言都會提供的函式庫。一般人對函式庫的內部實作有多少瞭解呢？大多數人應該都不曾關心函式庫的內容，只會呼叫使用吧。標準函式庫的類別有清晰的使用方式和規範，用起來非常可靠，因此不用在乎內部結構也沒關係。

註6 筆者實際經歷過 C、C++、C#、JavaScript、Ruby 等語言的設計。不論使用哪種語言，大多數情況下都能控制在這個行數範圍內。

在第 3 章也說過，確保每個類別都能正常運作是設計的一大重點。

從這個角度來看，不喜歡結構被分割的人可能是對分割後的類別行為感到不安。對於能否正常運作感到擔憂的時候，就會關心內部構造是如何運作。

所以在分割類別時，應該遵循第 3 章物件導向設計的基本原則，確保每個分割後的類別都能穩定運作，建立出使用時不需要擔心內部實作的結構。

15.5.2　循環複雜度

循環複雜度（cyclomatic complexity）是衡量程式碼結構複雜程度的指標。條件分歧和迴圈的增加以及巢狀結構的加深，都會導致複雜度提升。複雜度所代表的狀態見表 15.3[註7]。

表 15.3　循環複雜度的基準

循環複雜度	程式碼狀態	bug 混入機率
10 以下	非常良好的結構	25%
30 以上	結構存在風險	40%
50 以上	無法進行測試	70%
75 以上	任何修改都會導致執行錯誤	98%

條件分歧、迴圈還有其巢狀結構都會增加複雜度。本書介紹的提早 return、策略模式、一級集合模式等技巧，都可以減少複雜度。

資料類別裡面只有變數宣告，因此複雜度為 0，但可能會讓其他類別變得更複雜。

註7　循環複雜度有幾種不同的定義，本書採用 MathWorks 公司提供的標準。參考：https://www.mathworks.com/help/matlab/matlab_prog/measure-code-complexity-using-cyclomatic-complexity.html

循環複雜度可以用下一節提及的分析工具來測量。筆者所設計的類別，複雜度大多在 10 以下，最多不超過 15。

15.5.3　內聚性

內聚性（cohesion）指標用於衡量模組內部資料與功能的關聯性強度。

模組可以是類別、套件、層（layer）等，有各種不同尺度的解釋。用於解釋類別時則是表示類別內部的資料和功能之間的關聯性強度。更具體地說，如果成員變數和使用該成員變數的功能都實作在同一個類別裡，就是高內聚性的結構。

內聚性越高，易修改性就越高。內聚性也是可以測量的，表示內聚性的一項數值是 LCOM（Lack of Cohesion in Methods）[註8]，也有測量工具可使用。

15.5.4　耦合性

耦合性（coupling）是衡量模組之間相互依賴程度的指標。

和內聚性類似，這也可以用在不同的尺度。例如類別的耦合性是指一個類別中調用其他類別的數量。更改一個類別時，調用該類別的其他類別也可能受到影響，需要驗證是否會產生 bug。互相依賴的類別越多，耦合性就越高，需要檢查更多的交互影響，使得維護和更改規格變得更困難。

耦合性可以用分析工具來測量。即使沒有工具，也可以計算呼叫類別的數量或繪製類別圖，做出基本的估算。如果耦合性很高，就代表類別做了過多的工作，也就是可能違反單一責任原則。需要設法減少類別間的依賴，或是把類別分割得更小。

註8　LCOM 計算公式可參考 https://www.ndepend.com/docs/code-metrics#LCOM

15.5.5　記憶區塊（Chunk）

雖然這不是一種軟體度量，但這是筆者會保持注意的一項標準，所以也在此說明。

人類的記憶分為短期記憶和長期記憶。根據近年的認知心理學研究，人類的短期記憶一次只能理解 4±1 個概念。這個數被稱為**魔法數字 4**。需要記住的概念則稱為記憶的**區塊**（chunk）。

例如英語的「hello」由 5 個字母「h」「e」「l」「l」「o」組成，對於初次學習「hello」的人來說，這個單字就是由 5 個記憶區塊組成的（重複學習讓記憶穩定後，「hello」整個單字在記憶裡就會成為單一一個區塊）。

寫程式是需要處理多種資料和程序的工作。資料和規格的變更可能影響哪些範圍、是否會產生 bug 等等事項，都必須隨時檢查、應對。

在這樣的工作中，面對內含大量變數、由數萬行程式碼組成的巨大類別，人類真的能理解所有的內部結構嗎？很可能讀到腦袋冒煙、什麼都記不住吧。這是因為巨大類別裡處理的概念數量遠遠超過魔法數字 4。對於長期參與專案的人來說，這些概念可能已經定型為長期記憶，有辦法理解。但是對於初次接觸的工程師來說，會對短期記憶帶來巨大負荷，難以理解內容。

設計類別時可以參考這個魔法數字 4，盡力創建對大腦友善一點的結構。類別裡處理的概念數量應該設計為 4±1 個，太大的類別就分割為小類別。

有些人會認為：「不管類別大小如何，系統整體處理的概念數量都是一樣的，所以這沒有意義吧？」其實重要的並不是減少概念的數量，而是讓關聯強烈的概念集中在一起、關聯薄弱的概念分離開來。在巨大類別裡

混雜大量的概念，很難辨認哪些概念之間有比較強烈的關聯。如果把關聯密切的概念集中起來，劃分成小類別，就可以輕鬆理解不同概念之間的關聯性。

只要遵循第 3 章介紹的類別設計原則以及 8.1.3 節的單一責任原則，就可以自然地把概念的數量控制在魔法數字內。

15.6 程式碼的分析工具

上述的各種軟體度量都可以用程式碼的分析工具測量。這裡介紹其中幾種工具。

15.6.1 Code Climate Quality

Code Climate Quality[註9]是 Code Climate 公司開發的程式碼品質分析工具。這個工具可以連結 GitHub repository 的程式碼，進行品質評分。分析功能包括：

● 以獨家的公式計算技術債，將技術債的增減以時間序呈現。

● 以檔案為單位將技術債的程度視覺化，可排序。

● 以複雜度和程式碼行數等軟體度量為標準，視覺化呈現有問題的區域。

● 製作圖表，以各檔案的更新頻率作為橫軸，技術債作為縱軸。

   ● 更新頻率和技術債皆較高的情況，消除技術債的價值也更高，有助於提高開發生產力。

註9　https://codeclimate.com/quality/

15.6.2　Understand

Understand[註10]是 Scientific Toolworks 公司開發的程式碼品質分析工具，可以測量程式碼行數、複雜性、內聚性（LCOM）和耦合性等各種指標。此外 Understand 還可以把類別和函式之間的依賴關係視覺化，有助於掌握規格變更的影響範圍，規劃對策以避免影響範圍過大。

15.6.3　Visual Studio

Visual Studio 是微軟的 IDE[註11]。所有授權版本（包括免費使用的 Community 版）都可以使用軟體度量分析功能，例如分析程式碼行數、複雜性和耦合性。此外還可以計算易修改性指標、顯示總體技術債程度。這些指標可依函式、類別、套件等不同單位進行測量。

Column

以語法標示功能達成品質視覺化

多數 IDE 都有語法標示（syntax highlighting）功能。語法標示可以將程式碼的特定符號、關鍵字和語法顯示為不同的樣式。許多人會根據自己的喜好設定標示的樣式，展現自己的風格。

筆者的語法標示則是特別為了程式碼品質的視覺化而改良的。容易引發問題的程式碼呈現警示的顏色、有助於維護品質的部分則使用安全的顏色。例如出現魔法數字（9.3 節），或是參數過多可能導致低內聚，就用紅色或橘色來警告（表 15.4）。

→ 接下頁

註10　https://scitools.com/

註11　請注意，這裡指的並不是 Visual Studio Code。

表15.4 用警告色標示元素的例子

程式碼	顏色	意思
數值	紅	可能是魔法數字
參數	橙	過多參數可能導致低內聚
區域變數	黃	過多區域變數代表可能混入與主題無關的功能

`final` 成員變數、類別和介面則標示為安全的顏色，例如綠色或藍色（表 15.5）。

表15.5 用安全色標示元素的例子

程式碼	顏色	意思
函式	淺綠	可能有改善的空間？
final 成員變數	綠	不可變的穩固結構
類別	淺藍	有助於提高內聚性
介面	藍	有助於減少條件分支

這樣設定就能把品質不佳的程式碼標示為紅色系，品質良好的程式碼標示為藍色系。就像紅綠燈一樣，可以清晰顯示危險或安全。

雖然用靜態解析工具就可以確切解析出程式碼的優劣，但語法標示的視覺效果更清楚，因此非常推薦用於程式碼品質的視覺化。

15.7 設計目標與性價比

設計的過程中，成本與效益的議題是無法忽視的。

有些讀者可能會覺得，現在參與的專案裡所有程式碼結構都非常粗劣。也可能會產生一種衝動，想要把這些軟體全部重構，甚至重寫。

可是真的可以這樣無止境地進行重構嗎？

公司的預算是有限的[註12]，必須在這有限的預算中籌出開發的成本。這樣的投資還必須在時間限制內努力創造利潤。預算和時間都是有限的。

所以說，設計和重構並不能無止境的進行。即使產品整體的結構很糟，基於現實考量，還是只能針對其中一部分補補破網[註13]。

在這樣的成本限制下，到底應該優先提高哪些部分的設計品質呢？

例如，雖然結構並不好，但沒有 bug，功能也很穩定，未來幾乎不會更改規格的部分，還有重構的意義嗎？易修改性的意義是減少未來的修改成本。如果不需要更改規格，提高易修改性也只是浪費勞力和金錢，是性價比非常低的作法。

運用設計能力時，也必須瞄準性價比較高的部分。

15.7.1　帕雷托法則（80 / 20 法則）

帕雷托法則（Pareto principle）是企業營運常用的觀念，也就是「少數部分造就了整體」。例如「80% 的銷售額來自於 20% 的商品」，或是「軟體 80% 的執行時間來自 20% 的程式碼」等等。這個現象也被稱為 80 / 20 法則。

有一種說法是，整個軟體功能中主要使用的功能僅佔約 1/3。經常發生規格更改的部分也類似，只限於一小部分。功能的重要性和規格更改的頻率似乎都符合帕雷托法則。

重要的功能會吸引使用者的注意，自然就會有很多修改的需求。針對這些重要且經常變更的部分用心設計、改良結構，就可以降低未來的修改成本，提高性價比。

註12　除了辦公室租金和水電費外，還有員工使用的電腦、設備，以及員工的薪水等等各種開支。

註13　據說如果所有的產品程式碼都要認真寫測試，測試程式碼的量會接近產品程式碼的 3 倍。規劃測試時也需要有成本意識。

15.7.2　服務的核心領域

每個商品、每個服務都有一項可以宣稱「這就是它的特色！」的核心價值。比如戰鬥系統獨特的遊戲、話題豐富的 SNS、分析弱點科目並提供親切協助的線上學習平台等等。

Eric Evans 的《Domain-Driven Design》書中把這種服務的特點稱為**核心領域**（core domain）。

核心領域可以這樣描述：

● 在系統內應附加最大價值的部分。

● 最有價值、最重要、投資的性價比最高。

● 具有競爭優勢、差異性及商業上優勢地位的特點。

這樣的領域確實最值得投入設計成本，是投資效益最高的地方。

15.7.3　挑選設計重點需要業務知識

那麼，什麼樣的業務領域適合稱為核心領域呢？這種業務領域對應的功能又是哪些呢？

服務上線之後，會不斷加入許多新的功能。隨著服務的擴大，經營者會越來越搞不清楚哪些功能才是服務的核心價值。

重要功能往往會需要頻繁調整規格。利用 Code Climate Quality 之類的分析工具，就可以分析出更新頻率較高的部分。不過，有時候也只是受流行趨勢影響而暫時提高更新頻率。

領域驅動設計是一種設計方法，旨在持續提升核心領域的價值，從而實現服務的長期成長。具備豐富業務知識的人稱為**領域專家**。與領域專家合作，就能確認核心領域為何，這是領域驅動設計的重要觀念。

要提高設計的性價比，就必須挑選出設計對象中的重點項目。而這種選擇需要足夠的洞察力，瞭解服務希望解決的客戶問題、瞭解服務的本質。總之，業務知識是不可或缺的。

如果只知道注意結構的好壞，設計技能就無法在業務戰略上發揮效用。

軟體工程師中有一種職位稱為軟體架構師。架構師的職責是設計出可以實現業務戰略的架構。理解業務的目標，是勝任架構師工作的必要條件。結合優秀的設計和扎實的業務知識，是提高產品成長性的重要關鍵。

15.8　成為掌握時間的超能力者

改善易修改性的設計可以提高開發生產力，也就是可以掌控未來的時間。要繼續在老舊、設計不良的程式碼中無所作為，還是要讓軟體能夠快速成長？這取決於設計者的能力。

務必謹記，當前的設計品質直接影響未來的時間。提高對時間的注意力之後，會開始發現 debug、解讀程式碼這些事在日常開發中所佔用的時間，其實很多都是無謂的浪費。習以為常的狀況不再被視為理所當然，甚至會顯得有些異常。

沒有專業知識的人只能看到系統表面的功能。開發系統的工程師擁有看見內部結構的能力。軟體設計專業的工程師，甚至有一雙能洞悉惡魔本質的眼睛，也就是看見老舊程式碼弊病的能力，可以發現軟體產品中浪費時間與人力的問題根源。對於沒有這種「眼睛」的人來說，這就像是一種超能力。

雖然這是工程師的高階技能，但只要經過訓練，任何人都可以學會。熟練運用這份洞察力和設計能力，掌握未來的時間吧。

第 16 章

克服職場的阻礙
實踐設計觀念與技術

寫出劣質程式碼的原因，常常是來自於職場中固有的開發過程問題。

本章將討論在實務上影響設計品質的各種問題，包括技能不足、心理因素、溝通問題、組織限制等各種原因。

圖16.1 開發的阻礙潛藏在程式碼之外

以下詳細解釋各項問題以及對應的處理方式。

16.1　溝通

首先討論整個開發過程都會遇到的溝通問題。

16.1.1　溝通不足導致設計品質不佳

在團隊合作中，經常會發生兩個座位相鄰的同事寫出完全相同的程式碼、或是兩人的程式碼完全無法配合而導致 bug 的情況。

這類問題的起因，就是兩人不清楚對方的工作內容，也就是缺乏溝通。

過於忙碌、成員之間的關係不佳、資訊的解讀方式不一致等等，有各種因素可能阻礙溝通。成員之間有溝通問題時，bug 的出現頻率就會增加。

16.1.2　康威定律

說明溝通問題的解決方法之前，要先介紹康威定律。

康威定律（Conway's law）指出「系統的結構會近似於設計系統的組織的結構」。簡單來說，如果開發部門被分為 3 個小組，那系統就會由 3 個模組構成，就像部門裡的 3 個小組一樣。

為什麼會這樣呢？因為劃分為多個小組後，各小組內的溝通會變得更緊密。相反地，與其他小組之間的溝通會變得疏離。發布新功能的時候，與其和其他小組互相配合，還不如直接發布小組內完成的功能。因此，新發布功能的規模就會接近小組的規模。系統的結構就會變成以發布為單位，也就是小組為單位。

康威定律也可視為溝通成本結構的定律。小組內的溝通成本較低，與其他小組溝通的成本較高，這種成本結構會連帶影響系統結構。

反過來說，如果組織結構不符合理想的系統結構，就會很難建立出理想的系統。

因此，近年有人提出**逆康威策略**（inverse Conway maneuver）。也就是先設計理想的軟體結構，再根據軟體結構來編制組織。

不過，筆者認為只靠逆康威策略解決表面上的問題還是不夠。如果成員之間確實有溝通上的問題，就算坐在彼此隔壁也還是會寫出完全相同或是完全衝突的程式碼。康威定律只說明溝通成本與組織結構的相關性。如果成員之間的溝通問題來自其他原因，即使以逆康威策略編組也不會解決根本問題。

16.1.3　心理安全

要改善團隊成員之間的關係，心理安全的提升是不可或缺的。

心理安全（psychological safety）指的是「團隊成員具有共識，任何人的發言都不會遭受排斥或羞辱等負面對待」、「能夠安心、自由地發言和行動的狀態」。這個概念於 1999 年由哈佛大學引用與提倡，並在 2012 年被 Google 採納為工作改革項目，因而廣受關注。心理安全被認為是建立成功團隊的一大關鍵。

如果提出意見或建議時，容易遭到嘲笑、厭惡、忽視，那就難以實現資訊的流通。團隊要提升設計品質也當然會非常困難。

溝通出現問題時，首先要努力維持團隊的心理安全。

16.2　設計

如本書一再強調，設計是極其重要的開發過程。然而，可能會出現各種狀況，導致無法進行設計或設計無法發揮作用。這節將說明應對這些困境的方法。

16.2.1　追求「快速完成」導致品質下降

會做出低品質系統的團隊，通常根本就沒有設計類別的習慣。工作繁忙時，想要盡快實裝上線的心情會蓋過一切，急於做出「能動的程式碼」。這在死線將近的接案工作中尤其明顯。這種情況通常連類別圖都不會畫，完全忽略設計品質。雖然這只是筆者的個人所見，但這種案例實在是多到令人擔憂。

在團隊中常有一些工程師會不顧設計品質，高速做出「能動的程式碼」。雖然程式碼的品質低劣，但只要看到正確執行的結果，就連不屬於

程式部門的同事都會非常高興。「這麼快就已經完成了，真不愧是你！」這樣的讚美也會出現，受到讚美的工程師也會很高興。在這樣的氣氛中，快速實作程式碼的行為彷彿就是正義。然而，這正是團隊困境的開始。

大多數軟體都不是實裝上線一次就結束了。接下來會不斷接到更改的需求，功能也會不斷擴展。

在無視品質的狀態下反覆實作新功能，會使得劣質的程式碼不斷累積，在未來展開猛烈的反撲。由於程式碼變得複雜且難以理解，即使是細微的修改也會產生 bug，開發生產力就這樣持續下降。

這種追求快速實作而忽略設計品質的工程師，在開發前期的進度會推進得很快。但隨著時間經過，這些人的實作速度就會變得越來越慢。這是因為粗劣的實作造成的影響開始傳播到各個地方。他們會報告「新規格完成了」，但之後又不斷忙於修復各種 bug。寫出的程式碼總是充滿 bug，這樣真的算是「完成了」嗎？

16.2.2　劣質程式碼的實作時間更長

《Clean Architecture: A Craftsman's Guide to Software Structure and Design》（Robert C. Martin 著、2018）書中記載了一個關於程式碼的驚人實驗，檢驗採用測試驅動開發（TDD）[1]是否會影響軟體開發的速度。

在 TDD 的流程中，除了產品本身的程式之外還要寫測試程式。乍看之下，應該是不寫測試的對照組會更快完成。

然而，實驗結果顯示 TDD 的整體開發速度更快。這樣的實驗結果也讓筆者對於「盡快寫出會動的程式碼就是正義」的觀點抱持懷疑的態度。

註1　測試驅動開發（Test Driven Development）是一種開發方法。先以測試程式寫出產品的功能需求，再實作產品程式來通過測試，之後持續改進程式碼。

16.2.3　創造類別設計和程式實作的回饋循環

變更規格時，至少要畫出大致的類別圖作為參考。

團隊應該簡單審查一下，職責分配、內聚性等面向是否有問題。沒有發現問題才可以開始實作。

在實作過程通常會有新的理解，或是發現本來忽略的事情，這些經驗都要回饋到類別圖做補充、修正。

這種設計和實作的回饋循環，可以讓設計的品質不斷提高。

16.2.4　設計不宜過度嚴謹，關鍵在於保持循環

進行重大的規格變更時，需要相對仔細的類別設計。但也不建議過於嚴謹、詳細地設計，因為無論如何設計，總是會有一些投入實作時才會注意到的重點。

如果一開始設計得太過仔細，很容易在實作時發現無法按照設計來進行，對設計留下巨大的陰影。「不管設計得再嚴謹，實際上也不會照著設計的樣子實作，這麼辛苦地設計根本沒用」，可能會像這樣懷疑設計的價值，不願再費時做設計。

只憑一次設計是無法找到良好結構的。唯有保持設計和實作的回饋循環，才能加深對軟體的理解，逐步提高設計品質。

團隊應該對這種循環概念達成共識，以免產生「設計與實作不一致」、「不是說好採用這個設計嗎？怎麼做出來的不一樣？」這類的爭執。

16.2.5 「新增類別會降低性能」是真的嗎？

有些人會認為：「創建類別物件的成本很高，會導致性能下降，所以不要增加類別的數量。」

確實，創建物件的效能成本是存在的。但在多數情況下，這個成本都可以忽略。近年硬體和軟體的性能不斷提升，創建類別物件的成本也相對降低許多。

如果還是很在意性能的問題，可以實際測量性能是否會被影響。通常會發現創建類別對性能的影響小到可以忽略不計。

這種問題不只出現在創建類別。影響性能的關鍵部分，也就是所謂瓶頸（bottleneck）的所在位置，必須測量才能知道。在確認瓶頸的位置之前，盲目追求程式碼的執行速度是一種稱為過早最佳化（premature optimization）的負面模式。

在不會影響整體性能的部分追求程式執行的效率，卻犧牲了易修改性，這樣的最佳化是本末倒置的。

16.2.6 投票決定的設計規則通常很糟

有些軟體的開發團隊會制定程式碼的統一風格或設計規則，希望藉此提高品質。制定規則的方式可能是多數決投票，期望可以取得整個團隊的共識。

然而，投票制定設計規則往往會帶來不幸的結果。決定程式碼或設計方式的表決，通常都是標準較低的提案會通過。

首先，成員中的新手有足夠的判斷能力嗎？如果在團隊中經驗不足的成員佔多數，以多數決制定的規則就沒有採納的價值。

還有，規則的用意沒有確實傳達的時候，也會造成誤會、引發反彈，出現「這和我寫程式的習慣不合」、「這樣太麻煩了」、「我看不懂」這類反對意見。優秀的規則也會很難受到採用。

好的提案難以通過，糟糕的規則反而會被採用，最後常常無法制定出一套合適的規則。

16.2.7　制定設計規則的重點

成員之間的能力差距較大時，就不應以多數決制定規則，而是應該由團隊中的 senior 等設計能力較高的成員主導。之後就以團隊領導人的權限推動這些規則。

定下的每一條設計規則都要附上理由或用意，避免流於形式，讓規則更明確。舉例來說可以列成表 16.1 的格式：

表 16.1 設計規則的範例

規則	理由、用意
巢狀結構最多 3 層。更深的巢狀結構應設法改為提早 return。	提高可讀性。
需要實作多個相同的條件判斷時，應使用介面設計。	避免遺漏修正。
類別、函式的名稱應明確表達用途。	用途不明確會造成內部實作混亂，防礙維護和修改。

瞭解這些觀念後，也要在團隊中達成以下兩點共識：

● 設計規則可能會在效能或框架等因素的限制下，做出對應的調整。

● 規則並不是絕對的，在某些情況下也需要採取折衷方案。

團隊的設計技能尚未成熟時，不能只靠各自努力來工作，應該由精通設計的成員來控制設計品質。較資深的成員應負責設計和程式碼的審查。

光是審查可能不足以提升團隊的設計實力。適時舉辦後續的學習會（16.5.4），可以更有效提升團隊的設計技能。

設計規則的用意能一次就傳達清楚的情況反而很罕見。需要透過許多次的審查和學習會反覆說明，才能逐步加深理解。

團隊的設計實力逐漸成熟後，就可以重新討論設計規則。

16.3　實作

對程式碼的態度和思考方式改變時，實作的方式也會有所不同。

16.3.1　破窗理論與童軍守則

犯罪學領域有一個**破窗理論**（broken windows theory），描述治安惡化會隨著以下過程發展：

1. 某個建築物有一扇破掉的窗戶。
2. 如果這扇破窗長時間被忽略，就代表沒有人在意破掉的窗戶。
3. 其他窗戶也被打破，開始發生丟棄垃圾等輕微犯罪，治安逐漸惡化。
4. 治安進一步惡化，開始發生嚴重犯罪。

這個理論同樣也適用於軟體開發。如果忽視劣質、複雜且無秩序的程式碼，整個軟體就會一起步向混亂。

某些人會產生「其他程式碼都寫得很亂，我也寫得亂一點沒關係吧」的心態。一次增加或修改的程式碼並不多，但是長期累積下來，就足以讓整個軟體的程式碼陷入難以挽回的境地。

相對的，軟體設計之中也常引用一條美國的**童軍守則**（boy scout rule）：「離開營地時，留下的營地必須比來到時更加整潔」。

這條守則在軟體開發的寓意是，修改程式碼後 commit 的程式碼必須比修改之前更乾淨。就算每次只累積一點點，重覆進行小幅的改進，就可以逐漸恢復軟體的秩序。

本書的讀者已經學會了程式碼的理想結構，因此擁有一雙特別的「眼睛」，能夠識別哪些結構會引來惡魔。那些劣質的結構在讀者的眼中應該也現出原型了吧？從今以後就可以開始養成習慣，一點一滴地改善自己注意到的問題。

16.3.2　舊程式碼均不可信，冷靜揭穿其本體

很多人會毫不遲疑地直接模仿粗劣的現有程式碼。

新進員工或接任者可能不會覺得前輩或前任寫的是劣質程式碼，甚至錯以為這是「前輩的榜樣」或「前任的風格」，生產更多類似的劣質成果。這特別容易發生在能力尚不成熟的新進員工身上。

想要根除劣質程式碼，就必須抱持著完全不信任舊有程式碼的心態。

程式的結構、類別名稱、函式名稱等等，任何地方都是可疑的。就算只是一個變數名稱，也可能存在不符合規格或含義不清楚的問題。

面對舊程式碼，需要先分析這段程式碼「想解決的問題是什麼」和「想實現的目標是什麼」，從零開始構思理想的設計。筆者稱之為**揭穿本體**。但揭穿本體之前需要先克服幾個障礙。

其中一個障礙是**錨定效應**（anchoring effect），這是一個心理學名詞。錨定效應是指，最初接收的資料或訊息會成為評估的基準（錨點），使後續判斷受到扭曲，形成認知偏差。例如第一個看到的商品特別貴，就會覺得後來看到的商品很便宜，因為最初見到的價格成為損益評估的基準了。這就是錨定效應。擺脫錨定效應影響的方法，就是驗證第一個看到的商品價格是否真的合理。

　　錨定效應在軟體開發中也會發生。現有的類別名稱和函式名稱會成為基準，影響開發者的判斷，最後導致開發的混亂。第 10 章的商品類別就是一個例子。如果被現有的名稱所左右，就會很難看穿其真面目。

　　另一個障礙，是我們很難認知到「沒有名稱」或「不知道名稱」的事物。這就是設計領域的**約書亞樹法則**（Joshua tree principle）。知道事物名稱之後才能開始認知其存在，反之，如果不知道名稱就無法察覺。

　　在 1.3.5 節認識「半熟物件」，知道什麼樣的程式碼屬於半熟物件之後，各位讀者應該就能辨識出自己看到的半熟物件了吧。反過來說，如果不知道「交易契約」這個名稱和概念，就很難瞭解與交易契約有關的款項支付條件（13.4.1 節）。

　　要克服這種因為不知道而無法處理的障礙，就需要請教專家、閱讀相關文獻，瞭解當前需要解決的問題、達到的目標，並理解其中使用的術語。

　　克服這兩個障礙，就能冷靜地揭穿程式碼的本體，為類別設計出可以正確呈現本體樣貌的名稱。

16.3.3　善用程式碼規範

　　同一個程式語言可以有很多種寫法。例如變數名稱可以是 personName、PERSONNAME、或 person_name，在 Java 都可以成功編譯。還有縮排的空白數、大括號前是否換行等等，都不會影響執行結果。

　　但是如果不把這些風格統一的話，程式碼就會不太好讀。

　　因此，**程式碼規範**（code conventions）對可讀性是非常重要的。程式碼規範定義了程式碼的風格和命名規則等等，藉以提高程式碼的可讀性、可維護性，也可以預防有問題的程式碼出現。

　　遵守程式碼規範就可以建立程式碼結構和命名的秩序，大大提高可讀性。

大多數程式語言都有企業或非營利組織制定的程式碼規範，公開在網路上。表 16.2 是其中一部分。

表16.2 不同程式語言的程式碼規範

語言	URL
Java	https://www.oracle.com/technetwork/java/codeconventions-150003.pdf
C#	https://learn.microsoft.com/en-us/dotnet/csharp/fundamentals/coding-style/coding-conventions
JavaScript	https://google.github.io/styleguide/javascriptguide.xml
Ruby	https://github.com/cookpad/styleguide/blob/master/ruby.en.md

檢查程式碼風格的工具非常多，大部分 IDE 都有內建。另外也有 RuboCop （用於 Ruby）和 ESLint（用於 JavaScript）這種獨立工具。這些工具方便又實用，實在沒有不使用的理由。

16.3.4　命名規範

程式碼規範涵蓋了程式碼格式和註釋的寫法等各種面向，其中之一就是命名規範。**命名規範**（naming convention）是關於變數、類別、函式等名稱的規範。

例如前一段提到的 Java 程式碼規範[註2]就包含以下規則。

表16.3 Java 命名規範的範例

對象	規範	範例
類別	大駝峰式命名	`ServiceUsageFee`
函式	小駝峰式命名	`payMoney`
常數	蛇形命名，全部大寫	`MAX_NAME_LENGTH`

[註2]　https://www.oracle.com/technetwork/java/codeconventions-150003.pdf 的第 9 節。

大駝峰式命名（UpperCamelCase）是指每個單詞的首字母都大寫。小駝峰式命名（lowerCamelCase）和大駝峰式類似，但第一個字母改為小寫。其他還有用底線分隔單字的蛇形命名（snake_case）等等。

不同的程式語言有不同的命名規範。以成員變數的命名為例，在 Java 和 Ruby 就有差異。

表16.4 不同語言的命名規範差異

語言	規則	範例
Java	小駝峰式命名	`toalPrice`
Ruby	蛇形命名	`total_price`

即使是同一個語言，不同的程式碼規範，也可能會定義不同的命名規範。

有些團隊會直接採用現有的程式碼規範，有些則會以現有規範為基礎再修改。無論決定哪種做法，重點在於制定統一的規則，讓團隊全體共同提高可讀性。

16.4 審查

這節將解說審查（code review）時應注意的事項和技巧。

16.4.1 建立程式碼審查制度

會寫出劣質程式碼的環境中，通常沒有程式碼審查的習慣。只要程式碼可以運作，就會在沒有任何檢查的情況下不斷合併進 main branch。

這些程式碼的品質不佳，會頻繁出現 bug。bug 通常也只會以應急的方式修復，不會解決根本的問題，以致於相同的 bug 一再出現，甚至會因為修復 bug 而導致其他部分產生新的 bug。

GitHub 裡有一種機制，必須等其他成員批准（Approve）後才能合併 pull request。此外還有豐富的 CI 功能[註3]，像是分析程式碼品質、整合單元測試、自動執行等等。務必善加利用。

一般來說，會把對專案開發過程和軟體設計技巧都有所瞭解的人指定為審查者，pull request 的程式碼都需經過審查。

創建 pull request 的預設模板訊息中可以放入審查的重點。例如可以列出一些童軍守則（16.3.1 節）的檢查項目，或是附上設計規則的連結。

16.4.2　從設計角度審查程式碼

程式碼審查通常被認為是「檢查程式碼是否滿足功能需求、是否有缺陷、是否符合程式語言規範」。不過，其實更應該注重**是否達成設計的理想效果**。

正如本書的說明，設計品質會體現在每一行程式碼中。審查時應該參考本書提到的設計觀點，確認程式碼可以打造出理想的架構。

16.4.3　尊重與禮貌

進行程式碼審查時，有些人會仗著自己在技術上的正確性，提出攻擊性的評論。然而，無論內容多麼正確，攻擊性的評論都是不應該的。這樣的審查會傷害個人尊嚴、降低生產效率，阻礙原本提升程式碼品質的目標。

註3　持續整合（Continuous Integration，CI），可以想成是每次把程式碼 push 到 GitHub 時都會自動執行 lint 和測試等檢驗的功能。

在程式碼審查中，最重要的是尊重和禮貌[註4]、[註5]。對受審查方的尊重應該放在心中的第一位。比起關注技術的正確性和實用性，更重要的是尊重一起工作、寫程式的夥伴。保持尊重和禮貌地提出指正，是提升程式碼品質的最快途徑。

Google 的 Chromium 專案審查指南提倡「尊重的程式碼審查」。這個指南列出了審查時的「應該」和「不應該」。

應該	說明
以實力與善意為前提	預設對方具備足夠的實力和善意，假定錯誤是源於資訊不足。
面對面討論	在審查工具上的討論若無法達成共識，就親自會面交換意見。
解釋理由	說明應修改的原因及正確的修改方式。「這裡錯了」這種說法無助於改善程式。
詢問理由	不明白對方的用意時，直接詢問原因。就算當下不能理解，也會留下紀錄，在未來成為處理問題的線索。
適時結束	追求完美的反覆審查會把受審查方累壞。不必做到「以我的靈魂起誓這程式絕不出錯」，只要「看起來不錯」就可以結束審查。
在適當時間內回覆	不要拖延審查。如果無法在 24 小時內回覆，應留言說明何時可以回覆。
提出正面的評論	不要抱持「找出所有缺點」的心態，而是以認可正面成果的態度審查。無須勉強讚美，但對於承擔艱難工作或做出優秀決定的人應表示謝意。

註4 可以參考 Google 的 eng-practices 內容，https://google.github.io/eng-practices/review/reviewer/standard.html 或 https://google.github.io/eng-practices/review/reviewer/comments.html。

註5 Respectful Code Reviews https://chromium.googlesource.com/chromium/src/+/HEAD/docs/cr_respect.md

不應該	說明
不要羞辱他人	預設對方已經盡了最大的努力。不要提出「怎麼會沒發現？」這種沒有幫助的評論。
不使用過於負面的言詞	不該用「正常人都不會這樣寫」、「這演算法真爛」這種負面評論。責罵或許能讓對方達成要求，但會打擊信心且未能提供改進的資訊。「方向對了但可以更好」、「這部分需要再整理」這種說法較為理想。
不阻止對方使用工具	如果對方引入自動化工具（如自動格式化），應先對此表示感謝。對寫程式的習慣提出建議前應審慎考慮。
不要抬槓*編註	不要在審查中爭論無關緊要的小事。審查的目的不是爭個輸贏。

這個審查指南裡的很多內容都可以直接採用。

舉個簡單的例子。以下的審查意見就技術而言可能正確，但缺乏尊重和禮貌。

> 不要再用○○函式了。這寫出來的程式能動嗎？

這樣的評論違反了指南的這幾點：

- 以實力與善意為前提
- 解釋理由
- 不要羞辱他人
- 不使用過於負面的言詞

根據這些原則，把這段改寫成更合適的形式。

> 這裡改得不錯，執行結果正確了。不過希望效能可以再改善。雖然用○○函式不會影響結果，但是□□函式的執行速度會更好。

編註　原文為「bikeshed」，詳細由來請參考 https://docs.freebsd.org/zh-tw/articles/mailing-list-faq/#bikeshed。

每個人都可能無意間提出缺乏尊重和禮貌的評論，需要注意避免使用可能傷害他人的表達方式。認為只要內容正確就什麼話都能說，是一種幼稚的想法。

16.4.4 定期盤點改良任務

在實作或審查的過程中，有時會發現不良的程式碼，但是受限於時程壓力，當下難以處理。於是就「明天再說」，把這些問題延遲處理、暫時擱置。

但這些缺陷如果就這樣放著，不採取任何對策，通常就永遠不會被修正。因為新的工作會不斷分派，填滿未來的時程。眾人忙於新的工作，最終遺忘那些過去發現的問題。

這些不良的程式碼，應該要在任務管理工具裡記為改良任務。

再來要定期盤點所有任務，確保能夠確實地處理。例如在每週的團隊會議裡設置議程，專門討論本週應該處理的改良任務。

至於任務管理工具，可以直接使用 GitHub 的 Issue，方便連結原始碼和 pull request。

16.5 提升團隊的設計能力

本章討論的開發流程，都假設團隊中至少有一些成員瞭解設計的重要性。

可是有些團隊沒有任何成員對設計有深入的認識，甚至也沒有可以求助的對象。在這種情況下，即使想要改善設計，也幾乎無法進行。

筆者就曾經遇過類似的情況。例如以下這樣的設計審查：

> 筆者：「這個○○ Manager 的職責是什麼？」
>
> 同事A：「就是管理○○的類別。」
>
> 筆者：「管理的意思是什麼？」
>
> 同事A：「管理就是管理。」
>
> 筆者：「請詳細解釋管理的具體內容。」
>
> 同事A：「登錄○○，轉送△△，切換□□……」
>
> 筆者：「這些都是不同的主題吧。不同的主題最好拆分為不同類別，不然在更改規格的時候可能會出問題。」
>
> 同事B：「你太在意了啦，管理不就是管理嗎？」

像這種根本無法發揮審查效果的情況常常發生。不只是審查，對設計和實作的改善方案也都很難提出。

如果整個團隊的設計能力不足，就必須設法提升。說服管理層分配開發資源似乎是最好的方法，但這通常非常困難。該怎麼辦才好呢？

16.5.1　集結夥伴、累積影響力

如果在開發時注意到品質不佳的問題，想要在設計上補強，應該立刻自己動手修改嗎？獨自進行品質的改進是很難取得成效的，在更糟的情況，甚至會被指責「這個人好像在做什麼沒有指派的多餘事情耶」。

這並不限於設計，想從底層開始改變工作模式的話，一定需要周圍的協助。最理想的是讓團隊中所有成員都參與其中。但是要讓這麼多人加入是非常困難的，總是會有一些成員持不同意見。

之所以需要他人的協助，是為了取得足以改變工作模式的影響力。最開始的重點就是集結志同道合的人來累積影響力。不過影響力要到怎樣的規模才足夠呢？

有一個軍事理論名為蘭徹斯特法則（Lanchester's laws）。這是一個描述戰力和對敵損傷量的理論，後來有學者將其應用於市場佔有率的競爭理論。

這個理論認為市場佔有率若能越過 10.9% 這道門檻，就能成為無法忽視的影響力，並正式進入市場佔有率的競爭。筆者認為，這個比例也可以作為在職場提出工作模式改革的最低門檻。

以開發團隊來說，如果團隊有 20 人，那除了自己之外再有 1 個支持者就差不多了。合計 3 個人就可確保達標，似乎不會太難。

一開始可以先嘗試和交情較好的成員聊聊：「最近做得怎麼樣？不覺得很難改以前的 code 嗎？」「改過之後的 debug 好麻煩」「好像該重新設計一下結構」等等，都可以。在分享問題的同時，找出願意一起合作的夥伴[註6]。

16.5.2　積沙成塔、欲速則不達

找到夥伴之後，可能會有一種衝動，想把本書的內容一口氣灌輸給他們。

這種情況可要切記「欲速則不達」。人類無法一次接受太大量的資訊（見 15.5.5 節），尤其對大規模的變化會感到焦慮和抵抗。

剛開始最好每天一點點地分享設計知識就好。當然，如果對方有興趣，就可以再分享更多，進行更深入的討論。

註6　如果有擅長溝通且人緣好的成員，也可以讓他們負責招募夥伴。把事情交給擅長的人，各自活用專長來推動吧。

16.5.3　坐而言不如起而行

夥伴對軟體設計有一定程度的瞭解之後，就可以一起設計、實作並進行程式碼審查。

俗話「百聞不如一見」，文字概念無論如何都比不上親自看到、感受到的真實感。設計也是如此。例如程式碼的可讀性就是一個感受上的問題。唯有實際比較改進前和改進後的程式碼，才能真正瞭解設計的好壞。實際動手實作後，與夥伴討論程式碼的可讀性提高、重複程式碼減少等感受吧。

建議在這個過程直接以產品程式碼作為實驗。用虛構的規格來寫程式碼當然也是一種方法，但是虛構出來的複雜、混亂程度終究不可能像產品程式碼一樣真實。把現有的混亂程式碼改進為簡潔有序的程式碼，可以更確切地感受到設計的價值。

16.5.4　舉行後續的學習會

開始設計的實作之後，可以試著舉辦設計的學習會，進一步募集夥伴。

一開始可以單純舉辦讀書會，讓大家一起閱讀關於設計的書籍，但如先前所述，實際動手修改程式碼還是最有效的。

作者建議的學習會流程如下[7]：

1. 閱讀並討論書中的一、兩個設計技巧。

2. 在產品程式中找出可以應用這些技巧的地方。參與者可以各自在平時接觸的程式碼找到案例的話是最理想的。

---

[7]　如果參加人數眾多，建議分成小組進行。

3. 嘗試應用這些技巧，實際改良程式碼。

4. 發表改良後的程式碼，以 before / after 的方式呈現。

5. 對發表內容提問和討論。

這樣的學習會建議每次約一小時即可，但要持續進行。這樣的時長可以快速輸入、輸出和回饋，有效地鞏固記憶。對設計的感受和知識也可以不斷累積。

16.5.5　學習會的不良做法

進行學習會時，要注意某些方法可能無法達到預期的成效，甚至會造成反效果。

首先不建議只讀書。如果沒有相應操作，學習效果通常會很差。而且一次大量吸收觀念之後，很快就會在繁忙的工作中忘記。前面提過，學習的關鍵是實際改善程式碼並感受其差異。如果只是讀進各種概念卻沒有實際感受，會讓參與者不禁覺得：「這真的有用嗎？用在實際開發感覺會很怪耶」，對設計知識產生不安和懷疑。更糟糕的情況是讓人感到失望，認為「這些都只是理想，實務上根本用不到」。

「這才是正確的設計方式！快點學起來！」這種否定過去實作方式的說法，也是很不好的。不只是設計，引入新技術時常常會想要先否定現有的做法，但這是很不明智的。人人都有自尊心，聽到自己過去的成果被否定一定不會有什麼好感。

如果這種不信任感加劇，對方可能會連話都聽不進去，這樣只會讓人拒絕加入改善程式結構的行列。想取得他人信任的話，同理對方的想法、保持尊重的態度是非常重要的。在這些前提之下，可以逐步討論現有的問題和解決方法，漸漸凝聚共識。透過充分的溝通，有時也會發現一些問題，比如基於性能考量而無法採用新的設計方法。

在完整交換意見之後，眾人才能以相同的視角思考該如何解決設計問題。協調意見相左的人往往是一項艱鉅的任務。不過如果跳過統整意見的步驟，在意見分歧的情況下強行展開溝通，雙方都只會感到不愉快。

設計思維的普及並不容易，這不免讓人感到焦慮和沮喪。但這種時候更是格外需要耐心。

軟體的易修改性也適用於前面提過的「約書亞樹法則」。對這項性質缺乏瞭解的人，就無法瞭解用於改善易修改性的設計技巧。

因此，在學習會上，不應該硬是把設計的技巧塞給所有人，而是要循序漸進。讓大家認識一種品質特性叫做易修改性，再介紹一些可以提高易修改性的設計技術，這樣的依序推廣會更容易被接受。

16.5.6　和主管 / PM 討論設計與性價比

產品的易修改性難以提升、甚至持續衰退的情形，經常是受限於開發資源（預算、企劃）中一開始就沒有列入設計的成本。未列入的原因，可能是決定預算或計劃的成員，即團隊的主管或 PM 等管理層缺乏關於產品易修改性的知識。

要提高整體的設計品質，就必須將設計納入開發流程中。但這必定需要主管或 PM 對軟體設計有所理解。如果沒能把設計納入流程，其他工作就會被列為優先事項，難以對結構做出修改。

向管理層提案時，應著重於設計的性價比。管理層負責運用團隊的總預算，必須選擇最佳的投資方式使利潤最大化。性價比是他們最關心的事項。

提案的切入點可以是開發效率低落的問題，以及解決問題所需的設計工作。接著解釋設計是必要的投資成本。管理層也會關心實際成本的高低，可以解釋只要每日騰出少量時間就能有成效。也要說明，並不是整個

專案都需要投入設計成本，團隊會篩選出頻繁更動的部分，以集中且有效率的方式提升易修改性。

向管理層解釋時，最好和同事一起提案、互相補充，並將過去進行的活動與設計成果納入說明，增加說服力。

16.5.7　指派設計負責人

如果開發成員普遍有意願改善設計品質，那就會自發採取各種行動。但如果情況並非如此，建議指派設計的負責人。設計負責人的職責如下：

- 制定關於設計品質的規則和開發流程
- 規則的推廣與教育
- 與管理層溝通設計相關事項
- 品質的視覺化
- 維持設計品質

設計品質的方針、程式語言規範、審查的流程等等，相關的規則都需要制定。也要注意不讓規則流於形式。必須確保團隊能記住並理解為何需要這些規則。

制定規則後，如果不遵守就沒有意義了，所以還需要向團隊成員推廣。必要時可以舉辦培訓課程等活動。不可能靠一次推廣就讓所有人理解規則，反覆提醒是不可少的。

除了團隊成員之外，也要定期與管理層討論設計和開發成本的問題，確認彼此的共識。易修改性的觀念通常不容易理解，正因如此，定期溝通非常重要。

15.6 節介紹的程式碼設計工具也應善加利用，提高品質改良的效率，並將軟體的品質視覺化。雖然導入工具會增加成本，但這是必要的開發需求，應說服管理層採用。

設計品質的惡化通常發生在規格變更時。避免規格變更導致的品質下降也是設計負責人的責任。舉例來說，如果 PM 不理解設計品質的差異，可能會提出設計上不切實際的規格修改。此時設計負責人就有責任保護設計的品質，提出可能引發的問題，討論並尋找解決方法。必要時，要有拒絕修改規格的勇氣。

那麼，誰可以成為設計負責人呢？如果團隊中沒有合適的人選，最適合擔任負責人的應該就是讀者您自己了。讀完這本書之後，相信您已經對設計的重要性有所體會，具有危機意識。筆者誠摯希望，您能在團隊中自薦成為設計負責人，為開發力的提升做出貢獻。

第17章

軟體設計之旅的下一站

本章會介紹一些筆者推薦的軟體設計書，以及持續精進設計實力的學習方法。

17.1　更進階的軟體設計書籍

軟體設計難以學習的其中一個原因，或許是許多人對「設計」這種詞彙有「中高級難度」、「很不好懂」的印象。應該也有很多人會覺得：「我平常寫的程式碼好像有某些設計上的問題。或許學一點軟體設計可以改善吧，但也不知道從哪裡開始。」

軟體設計確實是相當深奧的學問，讓人不知道該如何加強自己的技巧，也很難瞭解該怎麼應用在工作上。從這個角度來看，是真的有滿高的門檻。

而本書的內容，就是軟體設計的入口。

本書的規劃就是考量軟體設計的學習路線，從初級知識開始說明，希望能成為學習門檻前的台階。也可以說，本書的目標就是將學習設計的接力棒傳給以下介紹的這些書。

讀完本書後，請務必試試這些軟體設計領域的經典，進一步提高設計的實力，開發出更優秀的軟體。

17.1.1　現場で役立つシステム設計の原則〜変更を楽で安全にするオブジェクト指向の実践技法

（編註：本書出版時尚未有中文版本。）

這本書以平易近人的文筆搭配簡單的程式碼範例，說明如何設計出容易修改的程式碼。

其中不成熟的程式碼漸漸成長為優雅程式碼的過程非常易於理解。筆者認為很適合程式新手。

這本書也是以商業案例來解釋如何打造容易修改的結構，另外還提供關於應用程式架構的泛用指南，對於想挑戰高品質設計的中級程式設計師也非常值得參考。

17.1.2 易讀程式之美學：提升程式碼可讀性的簡單法則

「3 天後的自己就是他人」，程式設計中有這麼一句話。就算是自己寫的程式，在 3 天後就會忘掉當初的想法，讀起來就像別人寫的一樣。

這本書所說明的就是該如何寫出優秀的程式碼，讓他人和未來的自己都能輕易理解。

- 類別和函式命名時的詞彙挑選
- 在註解提供讀者需要的資訊且避免誤解
- 幫助理解的程式碼流程與結構

書中包含如上述的豐富實務技巧，皆針對提高程式碼的可讀性。筆者認為對程式設計的初學者來說是必讀的經典。

17.1.3 重構（第二版）：改善既有程式的設計

在第 14 章介紹過，重構指的是在外部行為不改變的前提下整理程式碼的結構。這本書中記載了各種重構的手法與技術。

本書將降低開發生產力的程式碼稱為「召來惡魔的程式碼」，而《重構》則形容為「程式碼的異味」（code smell），並做了詳盡的分類，對這些異味分別提出相應的重構手法。這本書非常精采地解說了與劣質程式碼作戰的方式，可說是重構的教戰手冊。

這本書也說明了必須先瞭解理想的構造、差勁的構造才能看見惡魔的觀念，並列舉豐富的「異味」種類。看過這本書之後，就可以辨識出更多的惡魔。

重構是打造良好結構的基礎且重要的手段。筆者非常推薦在這本書學習重構的實務作法。

17.1.4　無瑕的程式碼—敏捷軟體開發技巧守則

這本書描述如何將劣質程式碼改良成高生產力的優雅程式碼。

這本書裡提及更多在《重構》沒有提到的劣質程式碼模式，和《重構》對照參考的話，就能識破更多惡魔的姿態。

17.1.5　Working Effectively with Legacy Code

雖是和《重構》一樣以重構為主題的書，這本書針對的是不知道規格、也沒有測試的程式碼，對其分析與重構。

其中收錄許多實戰手法，用於對付糟糕的老舊程式碼。

影響圖（effect sketch）和試行重構（scratch refactoring）可以調查修改程式碼的影響範圍。側芽（sprout）函式可以在稍一修改就會出 bug 的老舊程式裡新增功能而毋須改動原本的程式碼。還有 method object 可以安全重構沒有測試的程式碼。諸如此類，這本書有許多和《重構》不同的分析手法與設計改善手法。

17.1.6　Re-Engineering Legacy Software

（編註：本書出版時尚未有繁體中文版本。）

前一本《Working Effectively with Legacy Code》是基於程式碼的戰術理論，這一本則是針對如何推進重構，聚焦於計劃與組織的戰略論。

動手執行重構時，可能在現場遇到以下問題：

- 「能動的程式碼就別動」的反彈
- 不知道該從何下手
- 不知道該把重構做到什麼程度
- 不知道如何與團隊達成共識
- 成功的重構需要哪些環境準備？需要什麼工具？

對這些組織、計劃層面的問題感到困擾的話，推薦這本書。

17.1.7 Beyond Legacy Code: Nice Practices to Extend the Life (and Value) of Your Software

（編註：本書出版時尚未有繁體中文版本。）

會寫出劣質程式碼的主因除了設計實力的不足之外，團隊的運作方式、工作的執行模式都可能是問題的來源。

本書以敏捷開發的手法為中心，講解如何管理團隊，持續生產出可以隨時應對變化的程式碼。

這本書推薦給開發團隊的領導人。

17.1.8 エンジニアリング組織論への招待～不確実性に向き合う思考と組織のリファクタリング

（編註：本書出版時尚未有中文版本。）

在很多情況下，就算想寫出好的程式、實作良好的設計，也會因組織的限制而難以提高開發生產力。

這本書聚焦於阻礙人們決策的「不確定性」，並深入研究防礙生產力提升的組織問題。書中從各種角度解說組織裡的社會議題、心理議題，讓讀者培養出一雙慧眼，可以識破組織裡潛伏的惡魔。

俗話說「工欲善其事，必先利其器」，建立良好的系統設計之前，必須先有良好的組織設計，這就是這本書的主旨。

17.1.9　プリンシプル オブ プログラミング 3 年目までに身につけたい一生役立つ 101 の原理原則

（編註：本書出版時尚未有中文版本。）

這本書以 SOLID 原則作開頭，介紹許多用於改進軟體設計的原則、指南和建議並提供詳細的解釋。

雖然書中沒有程式碼範例，但清楚說明了各種原則，不遵守時會有什麼壞處、遵守會帶來什麼好處。在設計過程感到迷惘時，這些原則可以作為判斷設計優劣的助力。

軟體設計的原則無關於語言，這些原則可以成為提升設計技術的基石。

17.1.10　無瑕的程式碼－整潔的軟體設計與架構篇

隨著對設計的理解漸漸加深，自然會開始以更好的設計為目標前進。設計的對象也會從函式、類別這些微觀單位，轉移到更宏觀的整體架構。

這本書以 SOLID 原則為基礎，解說提升整體架構易修改性的原則、觀點與思考方式，提供了豐富的見解。

這本書經常與接下來介紹的《領域驅動設計》一併提及，搭配閱讀可以達到加乘效果。

17.1.11　領域驅動設計：軟體核心複雜度的解決方法

世上的網路服務和應用程式，各個都有能讓人指出「這就是賣點！」的魅力所在。長期營運的產品就是既能保有這項賣點，又能回應使用者需求新增、修改功能，變得更加精緻。

當然，有一些產品則是魅力漸漸褪色，停滯不前。

對開發者來說也是一樣的，會質疑產品的魅力，開發動力出現停滯。「我們開發的產品賣點到底是什麼？現在開發的新功能真的會受歡迎嗎？」這種疑惑的經驗相信很多人都有。反之，「賣點就是這個、只要做出那個功能就可以大受歡迎，但舊 code 太複雜了完全改不動！」的經驗應該也遇過。

確認賣點、設計出能讓賣點持續成長的結構，這就是領域驅動設計（domain driven design, DDD）。

產品的賣點就是發揮其核心價值的業務領域。這本書將這個領域定義為「核心領域」（core domain），並實現以下目標。

● 提升核心領域的的商業價值（功能性）。

● 提升組成核心領域的程式碼的易修改性，使商業價值得以快速提升。

● 採用可持續發展的設計，培養產品的獲益體質。

雖然內容相對抽象，有許多說明不易理解，但書中對設計判斷的啟示相當豐富，在微服務設計中可說是已成為標準。想挑戰設計的更高目標的話請務必參考看看。

17.1.12　Secure by Design

（編註：本書出版時尚未有中文版本。）

　　Bug 有很多成因，其中一個常見原因是不正確的值、無效值混入。這些錯誤值可能來自外部攻擊者的惡意輸入、程式碼的邏輯錯誤，也可能是系統內無意之中產生。

　　筆者在本書說明過，要以自我防衛責任的角度來思考，把類別設計為可以自己抵禦異常狀態的結構。

　　這本《Secure by Design》雖然是關於資訊安全，但並不是解說多要素驗證、密碼管理工具等安全策略，而是和自我防衛責任類似，聚焦在設計不會陷入異常狀態的類別。

　　其中很重要的特色是，這本書是以領域驅動設計為出發點來說明的。《領域驅動設計》書中幾乎沒有程式碼範例，因此實行時常常遇到困難；《Secure by Design》則是深入淺出的解釋了領域驅動設計的複雜概念，並提供豐富的範例程式。

　　這本書因此成為領域驅動設計的熱門參考書。想透過提升安全性的技巧來學習領域驅動設計觀念的話，是個很好的選擇。

17.1.13　ドメイン駆動設計入門 ボトムアップでわかる！ドメイン駆動設計の基本

（編註：本書出版時尚未有中文版本。）

　　《Secure by Design》雖然有大量範例程式且內容易懂，但對初學者還是有點沉重，需要有一些技術基礎。

　　這本書則是以領域驅動設計中使用的設計模式為中心，用平易近人的文筆解說的入門書。收錄的程式碼範例也非常豐富、簡單。

學習領域驅動設計的過程中會遇到排山倒海而來的新概念和專有名詞。在那之前推薦先從這本書瞭解基本的設計模式與用途，作為踏入領域驅動設計的新手關卡。

17.1.14　ドメイン駆動設計 モデリング / 実装ガイド

（編註：本書出版時尚未有中文版本。）

這本也是領域驅動設計的入門書。

書中以簡易的文筆說明了領域驅動設計的目標與建模手法，以及登場的各種設計模式與其用途。範例程式也很豐富。

用少少的頁數就精簡解釋了重要的觀念，是很容易上手的技術書。

Q&A 的內容也很充實，對設計感到疑惑時可以參考。

17.1.15　ドメイン駆動設計 サンプルコード &FAQ

（編註：本書出版時尚未有中文版本。）

這是上一本書的續篇，不僅詳細說明建模與測試，還特別深入解釋領域驅動設計中較難理解的聚合（aggregate）概念。

作者松岡幸一郎每年都會在網路上收到數百個領域驅動設計相關提問，這本書就是其中的問答精選。

和前作相同，程式範例非常豐富，而且每個範例都經過細心編排，內容簡潔明瞭，非常易於學習。

書中內容相當具啟發性，能協助讀者面對領域驅動設計中常見的難題。

17.1.16　Kent Beck 的測試驅動開發：案例導向的逐步解決之道

　　測試驅動開發，是指在一開始就先寫測試程式，再寫出可以通過測試的產品程式，最後經由重構以打造出精簡程式碼的手法。

　　這本書以規格變更的情境為例，介紹如何以測試驅動開發來應對。書中以實際程式碼詳細說明如何用測試確保程式碼的正確性。此外，書中還包含各種實用的設計模式和手法。

　　容易測試的程式也會是易修改性高的程式。採用測試驅動開發，自然可以掌握良好的設計方式。

Column

Bug 討伐 RPG『バグハンター2 REBOOT』

圖17.1　バグハンター2 REBOOT

（編註：此遊戲僅有日文版本。）

　　雖然不是設計技術書，但作為學習的助力之一，也在此介紹筆者製作的遊戲，Bug 討伐 RPG『バグハンター2 REBOOT』。

　　在遊戲中，bug 和劣質程式碼會化為敵人襲擊而來，必須以各種軟體設計的技巧對抗。這款遊戲不能只靠單純提升等級、痛扁敵人就通關，只有確實使用對應的設計技能才能打倒敵人。

　　在遊戲過程中可以學會各種軟體設計相關的術語及觀念，是筆者相當自豪的作品。

　　用智慧型手機或電腦都可以免費遊玩，誠摯希望讀者可以嘗試看看，享受其中的內容。

　　線上遊玩網址：https://www.freem.ne.jp/win/game/30836

17.2　提升設計技能的學習之路

　　本節介紹提升設計實務技能的學習方式。

17.2.1　學習的原則

　　首先，學習途中有兩項最重要的原則：

- 輸入 2 成，輸出 8 成
- 務必注意設計的效果

輸入 2 成，輸出 8 成

第一項原則的意思是輸出比輸入更重要。這裡的輸入和輸出分別是指學習中的吸收知識與動手實踐。這不限於軟體設計，任何技能的學習都是一樣的。

例如騎腳踏車，不管再怎麼努力讀書、看影片，都是不可能學會的。必須親自練習，用身體記住保持平衡的方式。開發產品所需的程式設計技術，也難以從程式語言的教學書習得。需要實際的操作經驗，才能熟練地把功能需求拆解，評估該以什麼程式碼來達成各項需求。

同樣的，軟體設計也無法只靠讀書就學會。實際動手，累積失敗的經驗，設計技術才會有顯著的成長。

每次學到新的觀念，就立刻在程式中驗證自己的理解吧。

務必注意設計的效果

第二項原則是務必要確認設計前後的差異，也就是設計的效果。

例如策略模式（6.2.7 節）的效果是削除條件分歧。使用策略模式之前，要先確認目前遇到的問題確實適合以策略模式解決。

實作策略模式之後，要再確認是否得到預期的效果。如果沒有，就要檢查問題出在哪裡、應該如何解決。這樣才能有效達成改良，對設計的理解也能更上一層樓。

最糟糕的情況就是只模仿設計的構造，卻忽視設計應有的效果。不只沒有解決問題，還可能讓結構變得更複雜，問題變得更難處理。筆者見過很多狀況，都是因為把大略聽來的設計模式毫無意義地套用進去，導致結構變得更複雜。

謹記這兩條原則，就能再以接下來說明的方式更進一步學習。

17.2.2　練習識破惡魔的結構

本書的主題就是說明各種會召喚惡魔的結構。提升設計的動力、培養危機意識的第一步，就是鍛練出可以識破潛伏惡魔的眼力。對照本書內容，重新檢查平時開發的產品程式吧。練習分析哪些地方屬於不好的結構、為什麼這樣的結構不好。閱讀前面介紹的《重構》和《無瑕的程式碼》也有助於鍛練「識破惡魔之眼」。

17.2.3　藉由重構大幅提升技能

要說什麼方法可以大幅提升設計技能的話，那就一定是重構了。筆者也是藉由重構累積了相當水準的設計技能。

以下說明步驟。重構的練習對象就是平常工作的產品程式碼。產品程式碼通常都會相當地混亂、複雜，如此才能鍛練出實戰等級的設計實力。

首先是在本機上 checkout 到 repository 的練習用分支。因為只是練習用，要注意不要和其他主要分支合併。

再來挑選重構的目標。行數非常多的函式或是 public 函式的難度較高，一開始可以先避開，因為這種函式通常會和其他類別或函式有高度的互相依賴。行數較少的 private 函式或靜態函式依賴程度較小，是比較好的練習題目。

挑好目標後，就可以開始嘗試本書提及的各種技巧，例如用提早 return（6.1 節）、一級集合（7.3.1 節）解開巢狀結構。如果遇到把計算結果存在區域變數的狀況，可以嘗試把這個區域變數改為類別的成員，或是設計新的值物件，再把計算的部分也搬進類別裡。

再次強調，「輸出」在學習中非常重要，尤其練習的量更是關鍵。還有，一定要確認設計的效果和預期相符。

因為只是練習修改程式的結構，所以不需要特別寫測試。不過如果可以像正式產品那樣，加上測試來做重構的練習，技術的提升也會更顯著。

與 C# 相伴、邁向設計的旅程

筆者最主要的開發經驗是用 C# 開發 Windows 軟體，包含大學時期在內已有十多年。設計的技術也大多累積自 C# 的開發經驗。

一開始，筆者對軟體設計是沒有任何興趣與知識的。某次開發一個 C# 的專案時，過去留下的劣質程式碼問題非常嚴重，開發過程不斷出 Bug，整個專案大失火，過著每天加班的日子。後來改得筋疲力竭，整天都在想：「到底為什麼 bug 會這麼多？到底哪裡出錯了？」

有一天隨興瀏覽公司的書架，想看看有沒有適合的技術書時，隨手拿起的書正是《重構》。「讓程式碼更好理解」、「減少程式的 bug」，看到這樣的敘述時，筆者心裡立刻喊道：「就是這個！」

「藉由設計可以讓程式在修改時不容易出現 bug」。這是筆者接觸軟體設計的第一天，這句話也改變了筆者的人生，這麼說絕不誇張。

讀了書之後，筆者立刻就想嘗試學到的內容，於是就在產品的 repository 開出練習用的分支，每天都用產品程式碼練習重構，反覆嘗試錯誤。這個時期也是設計技能成長最快的時候。

在這之後，就開始對於把複雜、混亂的程式碼整頓得有條有理感到非常有趣，對設計的興趣越來越濃厚，到書店買了《Working Effectively with Legacy Code》、《領域驅動設計》等軟體設計書。

和筆者現在重構的 Rails 相比，C# 的重構簡單許多。C# 是靜態型別語言，可以用靜態分析正確找出類別和函式的使用位置。Visual Studio 的功能也很強，可以快速寫出測試，分析程式並把品質量化。寫出的程式還能視覺化為類別圖。

　　然而，即使是如此便利的環境，要是對設計一無所知，還是會像筆者的經驗那樣 bug 叢生、專案起火。有這麼充裕的手段可以提高設計品質，卻將這些機會棄如敝屣，真的非常浪費。

　　雖說工具應該充分使用，不幸的是，在某些情況下 IDE 的便利功能也會成為敵人，反而讓程式品質更加低落。

　　例如有個預處理器稱為 region directive，可以將 #region 範圍內的程式碼在編輯器中折疊隱藏。這個功能常常被用於把長達數百行的超大函式隱藏起來。喜歡這種使用方式的人會說「這樣讀起來比較方便」，但過大的函式應該要切割成小函式才對。這就只是把設計的需求掩蓋起來，眼不見為淨而已。

　　還有，「IDE 有 if 範圍的標記功能，這樣就算寫幾千行的 if 區塊也沒問題了，不覺得很棒嗎！」開心地說出這種話的，也是大有人在。本來標記 if 區塊的功能是用於改善過長的劣質程式碼，卻反過來助長了劣質程式碼的生產，實在是很令人遺憾的一件事。

　　水能載舟亦能覆舟，語言特性與開發環境對軟體造成的影響，取決於開發者的設計實力。學好軟體設計，正確地提升軟體品質吧。

17.2.4　程式能動之後，先重新設計再 commit

　　在開發時提升設計技能的一種方式，是在 commit 之前再做設計、提高程式碼的品質。

　　在寫程式之前就先進行某個程度的設計雖然也可以，但更推薦先直接寫出「可以動的程式碼」。就算事先花時間仔細設計，還是很常在實際寫程式之後才發現漏了一些程式執行時不可或缺的細節。

寫出能動的程式碼之後，不可以直接 commit，而是要先設計程式碼的理想結構。寫好的程式碼之中已經包含需要的變數值、計算功能、條件分歧等等元素，把這些元素做成筆記，然後一邊注意易修改性，一邊把這些元素設計為類別。最後用這些新建的類別組合出功能相同的程式碼，確認執行結果正確後再 commit。

像這樣每次在寫完程式之後、commit 之前都先經過設計，就能有效提升設計的實戰能力。[註1]

17.2.5　借助軟體設計書，邁向更高的設計實力

設計進行得順利時，就會開始感受到設計的樂趣，而這正是成長的契機。希望讀者可以參考本章介紹的技術書，繼續加深學習的深度。

《重構》和《Working Effectively with Legacy Code》這兩本書是對各種案例的解決方法做分類說明，所以不需要整本讀完，可以挑出一些需要的技巧來研究。讀過一個技巧之後就馬上練習、確認設計的效果。

《領域驅動設計》則是有許多珍貴的設計觀念，可以幫助軟體長期成長。雖然不容易理解，但有不少相關的入門書可以參考。當然，領域驅動設計也需要動手練習，經過嘗試錯誤才能加深理解。

一起鍛練設計實力，以眾多工程師不受惡魔所苦、可以舒適愉快開發軟體的世界為目標吧！

註1　這種先讓程式能動再做設計的方式，如果搭配測試驅動開發，可以更有效提升正確性。